麻瓜的魔法
——生命科学探秘

王海纳 著

机械工业出版社
CHINA MACHINE PRESS

"麻瓜"一词在小说《哈利·波特》中指没有魔法的人——我们的现实世界是一个"麻瓜世界"。

但是"麻瓜"真的没有魔法吗？读完本书你会发现，现实世界其实充满了魔法。这些魔法来自地球上丰富多彩的生命，也来自人类蓬勃发展的科学。

生命科学是一门历史悠久又青春焕发的学科，它研究的对象不但有动植物，也有远古的化石、精妙的细胞、神秘的DNA，还有外星生物可能的样子……本书的14个"话题"将带领你探秘生命科学，内容涉及了生命的起源、生物多样性和进化论。90余张精心绘制的漫画插图让这场探秘之旅丰富多彩，彰显生命科学引人入胜的魔力。

本书是面向正在学习自然科学的青少年的课外读物，也是面向所有对生命和科学感兴趣的成年人的科普读物。

图书在版编目（CIP）数据

麻瓜的魔法：生命科学探秘 / 王海纳著. —北京：
机械工业出版社，2019.4（2021.9重印）
ISBN 978-7-111-61887-4

Ⅰ. ①麻… Ⅱ. ①王… Ⅲ. ①生命科学–普及读物
Ⅳ. ①Q1–0

中国版本图书馆CIP数据核字（2019）第018685号

机械工业出版社（北京市百万庄大街22号 邮政编码100037）
策划编辑：马小涵 李 叶 责任编辑：李 叶
责任校对：梁 静 版式设计：王梓煜
责任印制：李 昂
北京瑞禾彩色印刷有限公司印刷

2021年9月第1版第3次印刷
169mm × 239mm · 13印张 · 186千字
标准书号：ISBN 978-7-111-61887-4
定价：69.00元

电话服务　　　　　　　　　网络服务
客服电话：010-88361066　　机 工 官 网：www.cmpbook.com
　　　　　010-88379833　　机 工 官 博：weibo.com/cmp1952
　　　　　010-68326294　　金 书 网：www.golden-book.com
封底无防伪标均为盗版　　机工教育服务网：www.cmpedu.com

有关这本书

　　这本书一共有 3 章 14 个话题。第一章讲的是在地球年纪还小的时候——生命的起源和化学基础；第二章讲的是总有一种生物让你震惊——了解生物多样性，也就是如今生活在地球上的生物都有怎样的身体结构、生活方式和独门绝技；第三章讲的是走出伊甸园——进化论的真相，这是生命科学里最重要的理论。

> 　　你不一定要从第一个话题开始看（如果你还没有在课堂上学过化学，前两个话题可能会稍微有点困难），你可以找自己最感兴趣的，或者最好懂的话题看。

　　你会发现每个话题后面都有很多问题，但是本书最后没有"参考答案"。因为这些问题大部分都没有标准答案，有的问题连现在很厉害的科学家可能都不知道答案。

　　这可能和你完成作业的情况不一样（绝大多数作业题都是有标准答案的）。但是，如果真的所有的问题都有标准答案，那么科学探索也就不存在了。在科学上，好问题比好答案重要得多。这本书想要做的，不仅是告诉你关于生命科学方面的知识，更重要的是让你体验科学家是如何思考的。

序一

我国正处于新一轮"科教兴国"阶段，而生命科学和生物科技是我国科技发展和综合国力提升的战略领域，关系国民的生存、健康和发展。

少年强则国强。纵观古今中外，任何科教兴国战略最基础、最关键的一环就是提高青少年的科学素养，激发青少年对科学的兴趣。在此情形下，这本面向青少年和所有生物爱好者的生命科学科普作品出现得恰逢其时，令人欣喜。

作者是 95 后，是新一代成长起来的科学青年，刚刚完成从"科学爱好者"到"科研工作者"的蜕变，拥有科普工作需要的朝气和与青少年平等对话的亲和力。

作者自己说，希望通过这本书培养青少年的科学精神。

在所谓的"科学精神"中，严谨的逻辑思维固然是基础，但更重要的其实是每个人的想象力和对大自然发自内心的好奇。这是一切科学的原动力。可惜，好奇心和想象力这两种东西常常在激烈的学业竞争中被弱化，过于封闭性的重复训练、诸多复杂的术语、"高冷"的科学撰文方式，可能让许多原本有志于科研的青年望而却步。在这层意义上，我认为本书是一个先进的尝试，在引领读者严谨思考的同时坚持以开放性问题为导向，有意识地鼓励读者发挥他们的好奇心和想象力。

让我尤为欣赏的是，作者作为一线科研工作者，没有局限于转述已经定型的课本知识，而是在本书中融合了许多 21 世纪生命科学领域的新成果，如生命起源的理论、基因－文化共同演化等。作者大胆地尝试

用娓娓道来的语言和生动有趣的插图，把科学前沿阵地的景象原汁原味地带给青少年和对生命科学感兴趣的读者，这是相当值得点赞的。

衷心希望读者们能在这本好书中，领略生命科学的绮丽风光！

植物病毒学家

中国工程院院士

陈剑平

序二

我经常会想，生命这件事，如果不是真真切切地存在于我们眼前，其实是很难想象它居然会真的存在，居然能如此精巧优美。地球上生命的出现和演化，是一个令人惊叹的奇迹。如果非要用人类的语言来描述地球生命，"魔法"大概是最贴切的词了。

在这场绵延40多亿年的"魔法秀"里，超过50亿个物种轮番出场，它们也都在舞台中央拥有自己的高光时刻。当然了，如果要把这场"魔法秀"浓缩在一本书里，一些大场面是必须被反复提起的。彗星的轰击带来了水，为生命的诞生提供了最早的试验场；在远古大气的电闪雷鸣和远古海洋的沸腾咆哮里，最早的有机物质被无意识地生产出来；能量和信息的输入催生了祖先LUCA；光合作用出现了，汹涌而来的氧气重新塑造了整个地球生态系统；从单细胞到多细胞，复杂生命开始出现，它们是今天地球上所有动物、植物的祖先。在更晚的时候，社会和语言开始出现，地球生物开始"拉帮结派"，"呼朋引伴"；到最后的最后，地球上有了我们——也许是整个宇宙里第一种能够开始认识自我，探索世界的智慧生命。

而我们还发明了科学——这是唯一一种能和生命本身相提并论的"魔法"！在这种新"魔法"的指引下，我们开始回过头来了解生命的"魔法"，了解我们从何而来，我们为何是现在这个模样，我们又将和这个世界一起走向何方。

而如果你也对这些魔法感兴趣，想了解它们的魔力到底有多大，了解它们是如何水乳交融的，请一定要读读海纳的这本《麻瓜的魔法》。

我想，这本书也许本身就是一个让人惊讶的魔法。从原子之间的相互关联到构成生命的物质基础，从最早的生命形态到变化万千的地球生态系统，从美好的科学发现到这些科学发现背后的科学家，从远古的生物演化到未来的生命，海纳在一个个小故事里把生命的"魔法"和科学的"魔法"讲得绘声绘色、兴致勃勃。当然，并没有面面俱到，但是在故事之间的跳跃反而会让我觉得有一种寻宝的乐趣。更让我迷恋的是她神奇的画笔，能把最复杂的科学用几根简单的线条轻松地展示给我们。在我看来这就是魔法——一种能把让普通人望而却步的生命"魔法"和科学"魔法"，变成一场轻松愉快的智力探险的"魔法"！

　　所以我想把这本书推荐给你们所有人。不管你是大人还是孩子，是科学圈内的工作者还是对科学两眼一抹黑的外行，只要你对生命、对科学还保留有那么一点点的好奇，你就一定能从海纳的这本书里找到共鸣，找到让你无比激动的阅读体验。

　　而我也希望海纳不要停下她这一支能随心所欲施展魔法的笔。我会一直期待，她能用她的魔法，带我们开始一次次奇妙的探险，去更多地探索这个世界和我们自己。

浙江大学生命科学研究院教授

王立铭

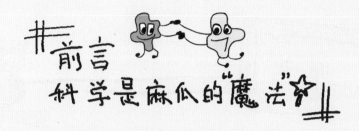

前言
科学是麻瓜的"魔法"

有一个"魔法世界",已经存在了至少46亿年。

"魔法世界"里曾有一位"大巫师"。"大巫师"住在晶莹剔透的水晶球里,他是那个世界里所有公民的祖先,正如炎帝和黄帝是传说中所有中国人的祖先一样。"大巫师"摇身一变,就能变成两个新的"大巫师",然后越变越多……大巫师的后代就这样占据了"魔法世界"的每个角落——至今已经形成了至少800万个"部落"!

每个部落都掌握了绝妙的"巫术"。有的能捕捉太阳的能量;有的能用数学精确算出命运的轮回,成功避开噩运;有的能在几小时内完美地规划一座大城市的交通网络;有的虽然看上去弱小,却能用身体移开一座座大山……

"部落"之间和"部落"内部免不了你死我活的纷争,互相残杀的血腥场面比比皆是,但这些艰难的斗争也练就了每个"部落"的绝技。而且纷争和残杀并不是全部,我们也总是能看到"部落"公民们互相帮助、互相合作的景象。

那里还有一个最神奇的"部落",它仿佛拥有无穷无尽的智慧。这个"部落"里的公民想用自己的智慧,揭开自己生活的"魔法世界"的全部秘密……

你不用坐着飞船去茫茫宇宙寻找这个"魔法世界"!因为这个世界就是我们的地球,它的公民就是地球上所有的生物。

你肯定已经猜到了,那个充满智慧的神奇"部落",就是我们人类自己。

让我来介绍一下自己吧。

我从小的梦想是当巫师，用魔杖、药水和咒语，让幻想中的东西变成现实，让夏天变凉快，冬天变暖和，让土地里长出金元宝，让大海发出各种颜色的光。但我发现自己是一个不会魔法的"麻瓜"，我们身边谁也不是巫师，我们都是麻瓜。

这时，不知是谁告诉我："没关系，你可以当科学家，因为科学是麻瓜的'魔法'！"

于是我的梦想变成了当科学家。后来我真的知道了空调是怎么让夏天变凉快的，知道了树皮里的水杨酸怎么变成能治头痛的阿司匹林，也知道了哪里的海洋真的能发出荧光。科学是麻瓜的魔法，这魔法不在神秘的魔杖中和咒语里，而在对大自然的好奇和探索里，在于其他许许多多的为造福人类而合理改造自然的科学技术知识之中。

我的专业是化学，因为我觉得化学家的瓶瓶罐罐和五颜六色的试剂，最符合我对巫师的想象。

但是我知道，真正强大的魔法属于大自然，属于水、岩石、空气里的自然变化，更属于和我们一起生活在地球上的八百多万种生物。

因此，我想把这本讲述生命科学的书——麻瓜的魔法——写出来和你分享。

目录 contents

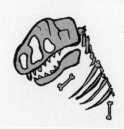

第一章
在地球年纪还小的时候——生命的起源和化学基础

第二章
总有一种生物让你震惊——了解生物多样性

第三章
走出伊甸园——进化论的真相

第一章 **1**

在地球年纪还小的时候

—— 生命的起源和化学基础

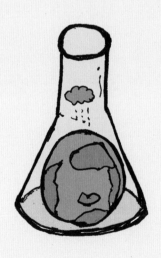

#话题一
生命是什么

我们生活的地球是一颗无比美丽的星球。

陆地上有茂密的森林，海洋里有五彩的珊瑚，空中有鸟类年复一年地迁徙，即便是看上去寸草不生的沙漠和极地也充满了生命，比如骆驼和北极熊。而我们自己的皮肤和消化道，也成为了成千上万种微生物的家园……

生命科学就是研究这一切生命现象的科学。你的课程中可能有"生物学"。生命科学是生物学的拓展，它不仅研究生物，还研究支持生命活动的物理和化学原理、生命的起源和演化、生物和环境的关系，等等。

打开任何生命科学或者生物学课本，一定会讲"生物和非生物"——生物就是有生命的物体；非生物就是没有生命的物体。

"生物和非生物，谁不会区分呀！"你肯定觉得这太没意思了。

不过，你可能会发现，尽管你能很快辨认一个东西是不是生物，但好像却没办法说清楚生命到底是什么。

生命是什么？——好大好严肃的一个问题！

我们还是要从生物和非生物说起。

生物和非生物

即使我们没有专业的生命科学知识，区分生物和非生物也再简单不过了。

比如在下一页的那张图里，几乎看一眼就知道了：

- 生物——兔子、蜂鸟、蚂蚁、蜗牛、人……
- 非生物——水晶、桌子、手机、计算机……

如果你觉得这个任务太没意思，不妨接着想一想下面这个问题：

"看一眼"的时候，我们在想什么？

"好像也没想什么？就是看一眼就知道嘛！"你可能会说。

但有的科学家还是对这个答案不满意，他们觉得，对物体的分类应该建立在物体本身的性质上，而不是"看一眼"上。所以，他们硬要找出生物和非生物到底有什么不同。

那么，我们区分生物和非生物，到底有什么客观的标准呢？

为了解决这个问题，人们不断观察周围的物体，总结出了很多生物有而非生物没有的特点。我们把这些特点画在了图中——如果你有生物课本，也可以在它的第一课轻松找到。

书上是这样写的。不过，我们也可以质疑一番：这些特点真的能把生物和非生物严格地区分开来吗？

我们的课本错了吗

　　就说呼吸吧，虽然大多数生物都会吸入氧气，呼出二氧化碳，但是有些微生物是"厌氧菌"，氧气对它们来说是毒药。有的厌氧菌必须用硫代替氧来分解食物，以获得生命活动需要的能量。它们排出的不是二氧化碳，而是二硫化碳。虽然这也可以被看作是一种呼吸，但跟我们常见的呼吸氧气，化学原理完全不一样了。相反，我们知道汽车需要用空气中的氧气燃烧燃料来获得动力，蜡烛燃烧产生光和热，汽车和蜡烛都要排出二氧化碳等废气。可是它们却不算作生物！

　　其他特点好像也站不住脚。汽车也可以运动，软件的更新升级也可以被看作生长，电能可以被看作手机的食物。当然，手机也可以对外界刺激——我们的手指产生反应。至于繁衍后代，虽然大多数非生物都不会，但是有的生物也不会啊！比如骡子和工蜂不能繁衍后代，但看上去肯定也是生物。而计算机病毒可以自我复制并在网络上传播，入侵越来越多的计算机，我们一般却不认为它们是生物。

　　之所以有这么多漏网之鱼，是因为我们通常对"生物"这个概念，一开始并不是为了科学研究而被创造出来的，而是为了日常生活方便，自然而然被用起来的。直觉上的生物，大概就是自然界中会动的动物和有根茎叶的绿色植物；直觉上的非生物就是自然界其他的东西（水、石头、阳光、空气等）和所有人造的东西。但是，经过上面的分析，我们发现日常的生物概念太模糊了，招架不住特例，特别是招架不住我们发明的各种可以和人类互动的东西，比如车、手机、计算机软件……因此，当我们想准确地说出生物和非生物客观上到底哪里不一样的时候，居然怎么说也说不清！

　　不过，既然通常所说的生物并不是一个严谨的概念，科学家当然就可以根据自己的领域需要，创造对自己领域有用的生物定义。

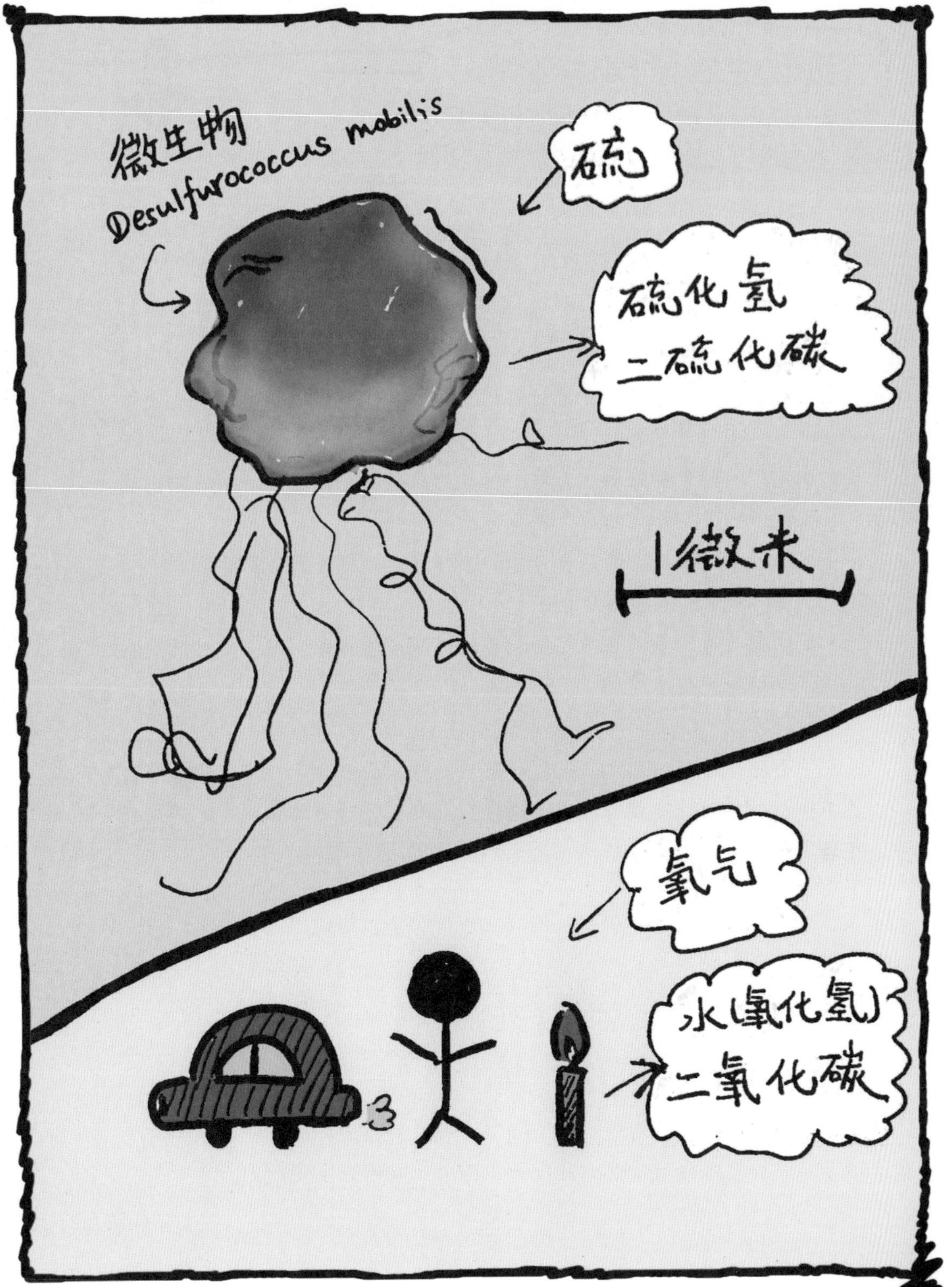
微生物
Desulfurococcus mobilis
硫
硫化氢
二硫化碳
1微米
氧气
水(氧化氢)
二氧化碳

道金斯（Richard Dawkins）是英国生物学家和科普作家。因为他研究进化论，所以在他看来，能进化的东西都是生物。这个"能进化的东西"，具体来说是这样的：

- 它们有特定的结构，而这个结构有自我复制的潜力（**可以繁衍后代**），复制出来的后代也能自我复制；

- 这些被复制出来的后代可能和亲代稍有不同（**可以产生变异**），变异也可以遗传给后代；

- 它们生存的资源有限，所以会**对资源产生竞争**。不同变异的生存和繁衍优势不同。

　　一个物体如果满足这三点，如果不灭绝，久而久之一定会留下和自己不一样的后代。这就可以说是进化了。那么，这种物体就是"道金斯生物"。

语言和歌也是生物吗

　　几乎所有日常生物都是道金斯生物，但是骡子都是绝育的，不可能在自然状态下自我复制，所以就不能算道金斯生物。蜜蜂的情况更复杂。蜜蜂社群中，只有蜂后和雄蜂可以生育，而工蜂不能。因此，一只工蜂作为个体也不能算道金斯生物，但是蜜蜂社群作为一个整体，可以通过蜂后和雄蜂复制出一个新的社群，这样就可以算道金斯生物。

　　神奇的是，道金斯生物不一定是实体！人类的语言就是一种可以边传承边变化的结构，因此可以看作是道金斯生物。实际上，语言的形成和物种的形成规律几乎一模一样。我们在下一页的图的上方描绘了英语的祖先——古老的日耳曼语系，分化成了现代的英语和德语；这正如古老的灵长类祖先演化成了今天的人类和黑猩猩。

　　不仅如此，一首歌、一个笑话、一种思想……如果可以传播下去，也是道金斯生物。不同的思想争夺的资源，当然不是水和土壤，而是人的记忆、媒体和网络空间。

　　比如一堂音乐课就可以成为一首歌"进化"的地方。下一页图的下方，老师正在教同学们唱一首歌。有的同学完全唱对了，这就相当于这首歌的精确"遗传"；而有的同学唱得和老师教的有偏差，这就相当于这首歌在自我复制的过程中"变异"了。

语言和歌是生物，这已经很奇妙了，但其实早在道金斯之前已经有人有了更大胆的想法。

　　薛定谔（Erwin Schrödinger）本来是研究量子力学的物理学家，有一次在爱尔兰受邀作了 3 节题为"生命是什么"的演讲。他是研究物理的，所以特别想用他的物理知识定义生物。

Erwin Schrödinger

013

越有序，越有生命力

物理里面有个"熵"的概念，就是一堆东西的混乱程度，混乱程度越大熵越大。

薛定谔发现日常生物的构造都非常有秩序，该长眼睛的地方长眼睛，该长嘴巴的地方长嘴巴。所以，和一堆毫无规律地随便乱动的化学微粒（原子、离子、分子——我们会在下一个话题中认识它们）相比，生物是化学微粒的有序排列，所以生物的熵一定很小。

因此薛定谔想，不如就用熵来定义生物吧。他说："生物就是负熵，是一个把混乱的东西变得有序的过程。"

在薛定谔看来，语言和歌当然都是生物，因为它们把本来可以乱排序的音符和文字整理成了特定的样子。我们随便打的草稿、只交给老师看的作文，不算道金斯生物，因为它们并不用来传播，但是因为它们把本可以随机排列的文字、符号排列成了有意义的句子和公式，降低了熵，所以是薛定谔生物。

今天，"薛定谔生物"有了一个更通俗的名字：信息。很多信息学入门书开篇就说："信息是负熵"。

元序排列
"熵"大

有序排列
"熵"小

l a !
    m
, n y g
r

"熵"大

I'm angry!

"熵"小

上面这些定义是不是听起来很玄乎?

其实有不玄乎的。最符合日常生物概念的,被称为"生物的细胞学说":所有的动物和植物都由细胞构成,比如皮肤有皮肤细胞,血液里有红细胞、白细胞,叶子里有叶肉细胞……细胞在17~19世纪曾经被认为是生命活动的最小单元,我们以后有很多机会认识它。但是后来人们发现细菌(比如我们肚子里的大肠杆菌、酸奶里的乳酸菌)长得虽然很像细胞,但没有成形的细胞核。有人认为细菌可以看作"低配版"的细胞,所以它们也被纳入了生物王国。

后来人们又发现了病毒的结构:它们只有一个蛋白质壳子,里面装着一些遗传物质。化学家肯花时间的话,甚至自己就能合成一个病毒的壳子。大部分生物学家还是把病毒算作生物,因为它们的遗传物质(承载基因信息的化学物质)和动植物、细菌的遗传物质一样,都是核酸。核酸分为DNA和RNA——它们相当于储存生物个体信息的"硬盘",我们以后也有机会讲到它们。

但是后来人们又发现了不含核酸,只有蛋白质的朊病毒。自然界就这样一次次挑战人的想象力……

今天的生物化学研究的是生命活动中的化学物质和化学反应。因此,生化学家会希望生物的概念宽泛到可以包括朊病毒,但是不要宽泛到歌、文章和计算机病毒。一般他们会说:

生物是可以自我复制的、除水之外主要由碳元素的化合物构成的物体。

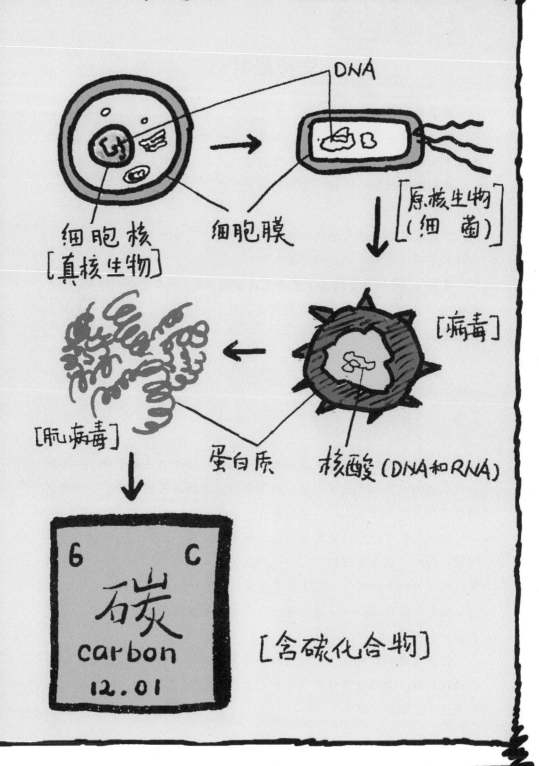

DNA

细胞核
[真核生物]

细胞膜

[原核生物]
(细菌)

[病毒]

[朊病毒]

蛋白质

核酸(DNA和RNA)

6 C
碳
carbon
12.01

[含碳化合物]

生命是什么

道金斯和薛定谔对生物的定义是不是很神奇？

不过，这些属于课外知识。如果你要做作业或者考试，还是要以课本上列出的生物和非生物的基本区别为准。——千万要注意这一点！

我们刚刚说到：生物是可以自我复制的、除水之外主要由碳元素的化合物构成的物体。

你肯定对这个定义感到很好奇："这话是什么意思？碳元素怎么了？为什么是碳元素而不是别的元素？"

事实上，碳的化合物对于生命来说如此重要，以至于它们被称为"有机物"。㊀在下一个话题中，我们将认识这个生命元素，它同时也是钻石的元素。

我们的问题

本话题中提到各种对生物的神奇定义，说明即使在科学中，一个概念所表示的内容也不是绝对的。科学家可以根据自己的需要，自由理解这些概念，只要对自己的科学研究有帮助即可。

比如，对于一个只研究鸟类的生物学家来说，上面这些定义都没有问题；而对于道金斯这样研究整体的进化理论的科学家，"生物的细胞学说"显然就太狭窄了，因为不是只有细胞结构的物体可以进化。

确定研究目的——清楚地说出自己想要知道什么，是开启科学探究的第一步。

你最喜欢哪种生物？你对它的哪些方面最感兴趣？是它的起源、它的进化历程、它的身体结构、它和人类的关系，还是其他方面？你为什么对这个方面感兴趣？

㊀ 不过人们把二氧化碳、碳酸盐等物质人为规定为无机物。

话题二
苍蝇和钻石，哪个更珍贵 ◇

"当然是钻石更珍贵！"你可能会说，"物以稀为贵嘛。钻石是稀有的宝石，而苍蝇满街都是，而且苍蝇好恶心啊！"

没错，对人类来说，当然是钻石更珍贵。

不过，对于大自然来说呢？在整个宇宙里，是钻石更稀有，还是生命现象更稀有——哪怕这个生命只是一只苍蝇？

大自然要满足多少条件，才能产生生命？

我们知道生命需要水、阳光、空气、食物……但别忘了，生命最重要的元素是碳。

在所有的语言里，"碳"这个名字都来自"煤炭"——人们还没有发明文字的时候，就知道了煤炭的存在。

我们的文具盒里也能找到这古老的元素：铅笔芯不是铅，而是碳元素形成的石墨，而煤炭可以被看作由微小的石墨碎片组成的。

可是谁能想到呢？碳还有一种更加高贵的化身！

1772 年，法国人拉瓦锡（Antoine Lavoisier）出于好奇，点燃了相等质量的煤炭和钻石。他发现两次燃烧产生了同样的气体，气体的量也一样。他由此得出了一个惊人的结论：钻石和煤炭只不过是同一种元素的两种不同的形态——碳既是石墨的元素，也是钻石的元素。

拉瓦锡的实验里产生的气体叫**二氧化碳**。大气中过量的二氧化碳在地球表面形成"保温层"，这就形成"温室效应"，是现在气候变坏的罪魁祸首。

不过，作为钻石元素、温室成因的碳，还有一个更响亮的名字——生命元素。

要理解"元素"，先让我们回到化学萌发的源头。

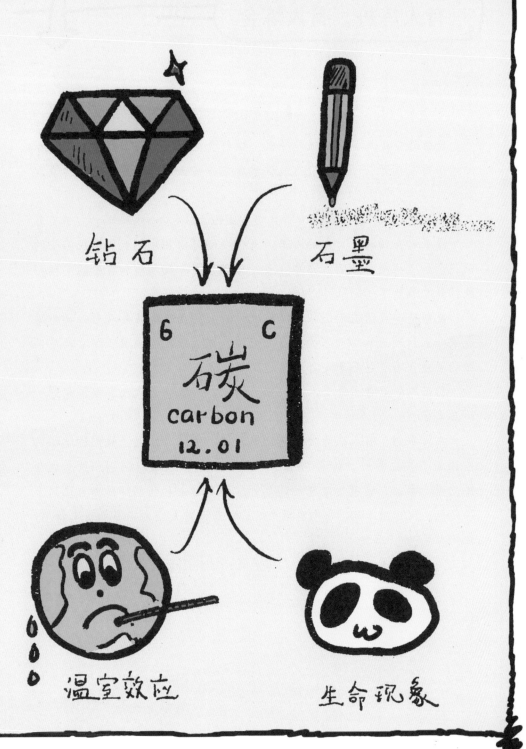

钻石　　　　　石墨

6　　　C
碳
carbon
12.01

温室效应　　　生命现象

有人炼丹，有人炼金

　　物质的变化总是让人眼花缭乱：铁钉会生锈，蛋清加热会凝固，春天来了百花盛开……有没有可能这些变化本质上是几种基本物质的聚散离合？

　　在我国古代，人们就认为所有物质变化，都是金、木、水、火、土（五行）这五种东西相互作用的结果。五行之间可以相生相克，形成漂亮的五边形和五角星。更有人猜测，五行中蕴含着一切物质和生命的奥秘，包括让人长生不老的仙丹。

　　先别急着笑话他们！四大发明之一的火药，就是炼丹人无心插柳的成果。五行理论和炼丹术的出现，说明我国古代人已经有了探索物质世界的渴望，有了总结千变万化的自然现象的意识。

　　对世界的好奇心是全人类共同的特点：外国的古代人和我们想到一块儿去了。

　　在古希腊，有人认为世界是由水、火、气、土组成，他们称这四种东西为"四元素"。到了17世纪中叶，欧洲活跃着想把铜和铁变成金银的炼金术士，还有会配药的药剂师。炼金术士和药剂师根据自己的多年经验，提出硫、盐、汞（水银）这三种东西才是组成世界的基本物质，他们称之为"三要素"。

　　不料，这时候，一位青年站出来说："你们说得都不对。"

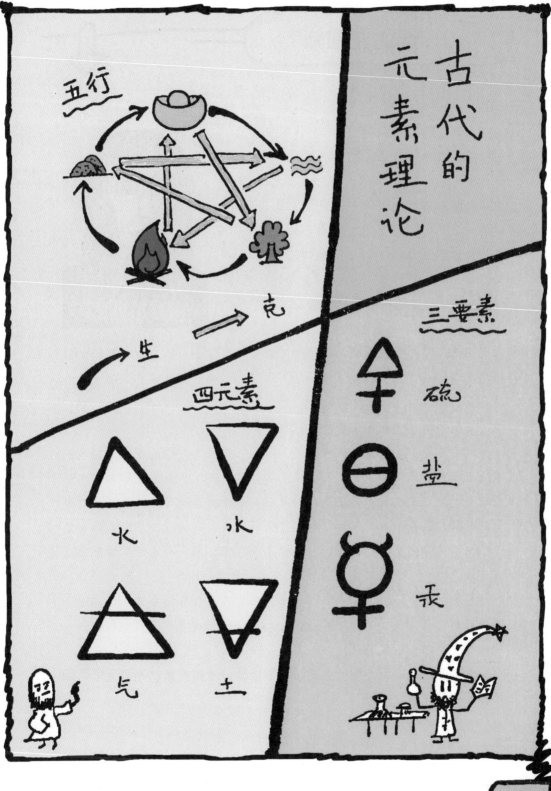

古代的元素理论

五行

克

生

四元素

火

水

气

土

三要素

硫

盐

汞

这位青年名叫波义耳（Robert Boyle）。

在 17 世纪的英国，"水火气土"四元素学说和"硫盐汞"三要素学说吵得不可开交。波义耳仔细听了这些争论，觉得他们讨论问题的方法不对：很多人坚持自己的观点，只是因为古训这么说、自己的师傅这么说、大家都这么说……波义耳觉得，要判断谁对谁错，做实验才是唯一可靠的办法。

他自己建了一个实验室，里面全是炼金术士和药剂师的瓶瓶罐罐。但是这实验室不为炼金，只为把元素的秘密探个究竟。1661 年，他把实验结果写成了一本书《怀疑的药剂师》。书的主要内容——

"我怀疑四元素和三要素理论都错了！"

元素是什么？波义耳认为"气"不是一种元素。他通过实验发现，空气可以分离出很多成分，有形成雨雪的水蒸气（一旦空气冷却，水蒸气就会凝聚成小水珠），还有一种可以和水银结合的气体（就是我们今天熟知的"氧气"）。"盐"也不是一种元素。有的盐加热以后分离出了铜，有的分离出了铅，有的分离出了金、银，同一种元素，哪来的这么多分身呢？

相反，铜、铅、金、银这些金属，在波义耳看来倒都是元素。因为几个世纪以来，炼金术士不管多么努力，都不能让金属实现互相转化——铜铁无论如何变不成金银！

波义耳提出，**无论用什么方法都不能再分才是元素，不同元素之间不能互相转化。**

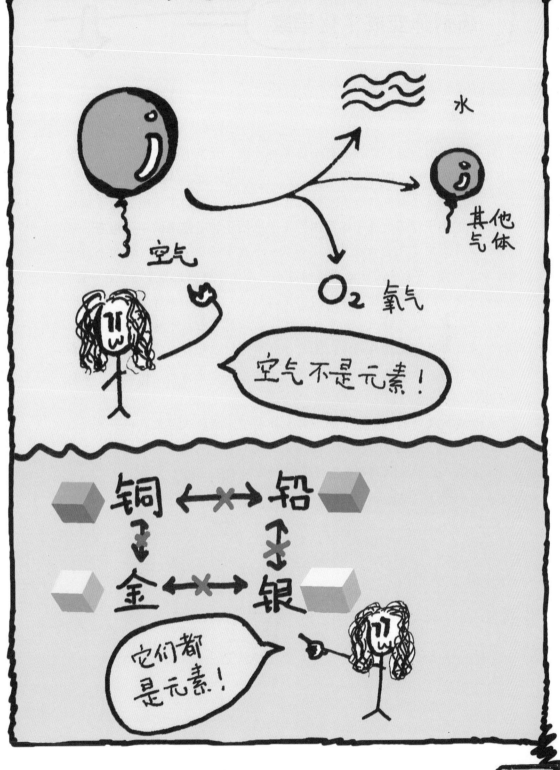

如今我们知道，**世界上有一百多种元素，元素的本质是无法用化学方法分割的微粒，叫作"原子"。**

原子的直径大概只有头发的几十万分之一，**它由带正电的原子核和带负电的电子组成，原子核又由带正电的质子和不带电的中子组成。**质子的数量决定了元素的种类。比如有一个质子的原子叫氢，有两个质子的原子叫氦，有六个质子的原子叫碳……而电子可以把原子结合在一起。

一百多种元素的原子在空间中排列组合，形成了丰富多彩的化学物质：从彗星的尾巴到土星的光环，从液晶屏到石油、可燃冰……

波义耳也有说错的地方：元素并非不可以互相转化，只不过需要剧烈的核反应。太阳的光和热，正是氢元素变成氦元素的"核聚变"反应产生的。

但是波义耳的《怀疑的药剂师》开创了用实验代替权威的新思维，也因此开创了现代化学。如今英文中"化学家"一词（chemist），正是源于波义耳时代的"药剂师"（当时拼写为 chymist）。

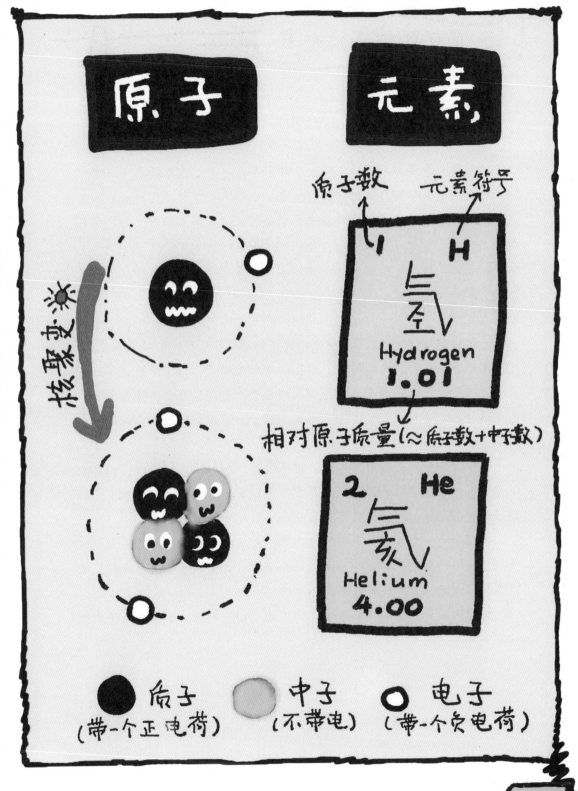

原子的组合游戏

　　既然有一百多种元素，为什么生命的主要元素偏偏是碳呢？

　　让我们回忆一下薛定谔说的"生命是负熵"，是混乱度的减小和信息的增加。这就意味着一个生物的结构必须足够复杂。毕竟，一块不够复杂的砖头，怎么能靠谱地储存和处理信息呢？

　　因此，构成生物的化学物质必须也足够复杂——原子必须以多种多样的方式组合起来。

　　化学家们知道，原子和原子之间只有三种稳定的组合方式，它们被称为"化学键"。巧的是，三种化学键正好对应了三种我们常见的玩具。

　　离子键像我们玩过的磁铁。磁铁的南北极相吸，在原子的世界则是正负电荷相吸。有的原子喜欢抢别人的电子，形成负离子，带负电荷；有的原子喜欢丢掉自己的电子，形成正离子，带正电荷。正负电荷相互吸引，就把原子牢牢结合在一起。㊀

　　共价键像拼图或者乐高积木。搭乐高时，积木接口处的材料相当于被两块积木共享了。在原子的世界里，有时候两个原子都想要电子，而电子的总数不够，它们就会用共享电子的方式结合在一起。

　　金属键是一大堆金属原子通过共享一大堆电子聚集在一起的力。这是原子世界的橡皮泥，是一种柔软的黏合力量。金和银可塑性很强，正是因为它们的原子形成了典型的金属键。

　　哪种玩具更容易形成又复杂又稳定的结构？磁铁、乐高积木还是橡皮泥？

　　㊀ 磁铁性质和离子性质的区别是，磁铁必须有南北两极，而离子只带正电荷或者只带负电荷。

化 学
—— 原子的组合 游戏

"离子键"

"共价键"

 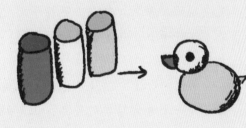

"金属键"

原子　　　·电子

生命如乐高，需要共价键

　　离子键对原子的方向没有要求：正电荷吸引着四面八方所有的负电荷，负电荷又吸引着四面八方所有的正电荷，这使得通过离子键组合在一起的物质，总是形成一大块一大块的晶体。我们餐桌上的食盐，正是钠元素和氯元素用离子键形成的晶体。它的结构非常简单：带负电的氯离子和带正电的钠离子在空间里交错着排列，没完没了地延伸就可以了。

　　金属键对原子的方向也没有要求：一个金属原子会欢迎四面八方所有的金属原子和它共享电子。和食盐一样，所有的金属都是结构简单的晶体。

　　共价键则不一样。正如每块乐高积木都有特定的拼接点，即用来连接其他积木的凸起和凹槽，每个形成共价键的原子也有特定用来连接其他原子的电子。这些电子就像"手"一样，而且"手"的数量和方向都有严格的规定。

　　比如每个氢原子只能有一个"手"，而每个氧原子只能有两个成特定夹角的"手"。所以当氧原子碰上氢原子，会形成米老鼠一样的小小的"水分子"，而不会像食盐那样，形成所有的原子都凑成一团的简单晶体。

　　所谓"分子"，就是原子通过共价键的"手"搭成的积木作品。水分子是一个非常简单的作品，但是如果我们有更多种类的原子，就可以搭成复杂得多的分子了。青霉素可以杀菌，多亏了青霉素分子里有一个由四个原子形成的环；而储存着我们的遗传密码的DNA分子则是很长很长的双螺旋结构。这些结构是离子键和金属键做不到的。

　　什么样的元素容易形成共价键呢？

离子键

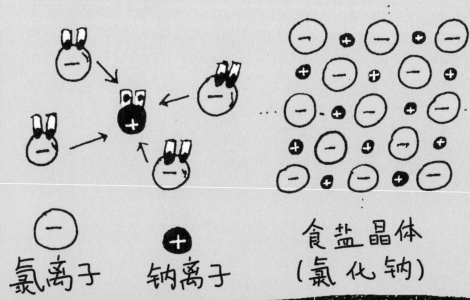

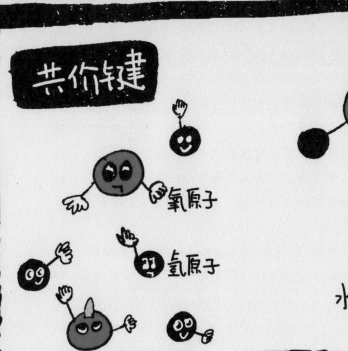

○ 氯离子　　● 钠离子　　食盐晶体（氯化钠）

共价键

氧原子

氢原子

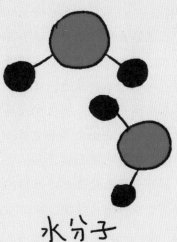

水分子

19世纪有个叫门捷列夫（Dmitri Mendeleev）的俄国人，根据元素性质的变化规律，把元素整整齐齐地排列在了方格纸里，形成了一张"元素周期表"。

元素周期表
Periodic Table of the Elements

在这张表中，越是左边、下边的元素，"金属性"越强——这些元素的原子碰到非金属时，容易失去电子形成正电荷，它们之间则会形成共享一堆电子的金属键，从而拥有导电性和明亮的金属光泽。

表中越是右边、上边的元素，"非金属性"越强——它们的原子碰到金属时，会夺走金属的电子形成负电荷，而非金属原子之间则形成像乐高积木那样的共价键。

最后一列元素是化学世界的"懒人"大队：它们的原子喜欢独来独往，不愿意形成任何化学键，因此被称为"惰性元素"。

Dmitri Mendeleev

033

原子的积木盒子

因此，非金属元素聚集在元素周期表的右上角——正是下页图中写出来的那些元素，你可以发现它们都不带"金字旁"。（外国人学元素周期表就没那么幸运了，他们必须死记硬背哪些是金属，哪些是非金属。）

元素周期表像是一个大柜子，每一格都是一个玩具盒子，非金属元素的盒子里装着带小"手"的原子积木，等待着被拼接成千奇百怪的分子。哪种非金属元素能创造出最复杂的积木作品——生命呢？

让我们打开这些积木盒子。

我们发现同一列的原子积木，拥有的"手"的数量相同。比如第13列的硼，每个原子有3只"手"，也就是说，每个硼原子有3个用来连接其他原子的电子；第14列的碳和硅，每个原子有4只"手"；第15列的氮、磷、砷，和硼一样有3只"手"；第16列的氧、硫、硒、碲有两只"手"；第17列的氟、氯、溴、碘、砹只有一只"手"（氢原子也是一只"手"）；而最后的第18列是刚才说到的懒人大队，因此没有"手"。

显然，"手"越多的元素，相当于积木的拼接点越多，能够形成的积木作品也就越丰富。**因此，拥有4只"手"的碳和硅成为了"手"最多的元素，**⊖**也成为了生命元素的最佳候选人。**

⊖ 有时候，硼、氮、氧也可以长4只"手"，硅、磷、硫可以长5或6只"手"，但是这些特殊的积木会使得原子不可避免地带上电荷，而很多生物化学反应需要电中性的环境。不过，这些特殊积木确实在需要电荷的生命活动里大显身手："四'手'氮"是氨基酸的重要结构，而"五'手'磷"和氧元素一起形成了DNA的骨架。

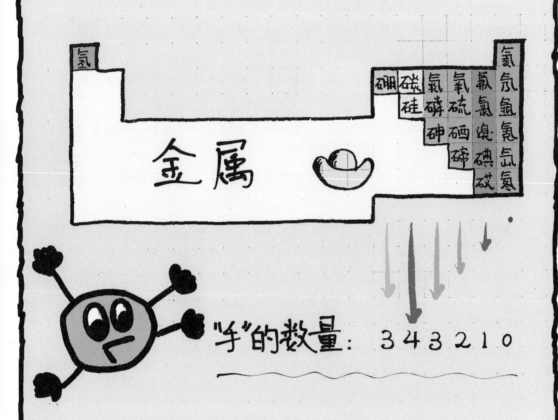

"手"的数量: 3 4 3 2 1 0

碳和硅

地球上所有的动物、植物和微生物都是"碳基生物"——由碳的化合物组成。科幻片里可能出现长得像石头一样的怪物，它们是科学家想象出来的"硅基生命"，这正是因为碳和硅是非常相似的四"手"元素，实际上都有可能是生命元素。也许有一天，我们真的可以在外星球找到活蹦乱跳的硅基生命。

不过碳和硅相比，作为生命元素的优势确实更胜一筹——为什么这么说呢？

当我们打开碳的积木盒子，会发现那里还细分了三个小格子。虽然每个碳原子都是四只"手"，但是这些"手"在空间中可以摆成不一样的几何形状。

第一个格子里装着"立体碳"，四只"手"各抓一个其他原子，形成粽子一样的四面体。第二个格子里装着"平面碳"，有两只"手"伸向同一个方向，一起拉着同一个原子，因此四只"手"一共只连三个其他原子，形成三角形。第三个格子里装着"直线碳"，有三只"手"一起拉着同一个原子，另一只"手"伸向另一端，因此四只"手"一共连了两个其他原子，形成一条直线。⊖

而打开硅的积木盒子，我们发现里面全都是"立体硅"——硅原子不愿意把两个或者三只"手"伸向同一个方向！你可以想象成，硅原子的"胳膊"太胖了，没办法挤到一起去。

三种不同几何形状的碳，为碳元素构造复杂的分子提供了更多的可能，这是硅元素做不到的。

所以碳还是比硅厉害一点。

⊖ "直线碳"除了这里的 3+1 模式，还有一种 2+2 模式：左边两只"手"，右边两只"手"。二氧化碳中的碳原子就是 2+2 模式的直线碳。

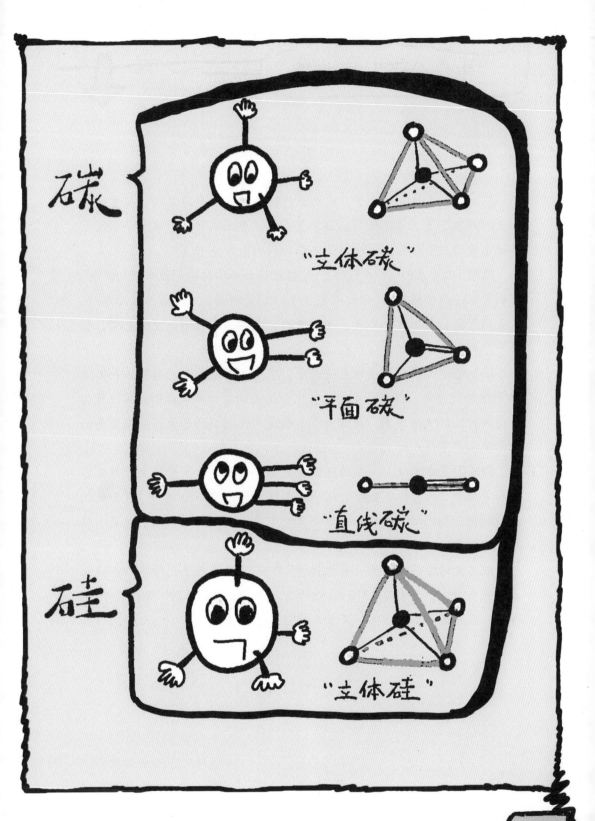

不过，如果只有碳元素，我们只能得到钻石或者石墨这样简单的东西（钻石里全是"立体碳"，石墨里全是"平面碳"）。碳原子必须和其他元素的原子合作，才能形成丰富多彩的生命分子。

　　酒精（化学家们叫它"乙醇"）是酵母菌和一些植物无氧呼吸的产物。它的骨架是两个碳原子（C），而氧原子（O）是酒精分子中最活泼的部位。人体的肝脏会利用这个氧原子分解酒精。分解的过程中产生的乙醛，会让一些人酒精中毒。

　　谷氨酸是味精和酱油的主要成分，它是一种氨基酸。谷氨酸和其他19种氨基酸一起，组成了支持所有生命活动的蛋白质。我们之所以觉得味精和酱油的味道鲜美，是因为氨基酸是人体必需的营养，几百万年的进化使人类不得不爱上它。

　　咖啡因是咖啡让人兴奋的原因。我们可以看到它的骨架主要是碳原子和氮原子（N）形成的两个环，环上的碳都是"平面碳"。这个结构是硅的化合物无法形成的——即使真的有硅基生命，恐怕他们也喝不到纯正的咖啡了！

　　碳元素的学问被称为"有机化学"——这是占据了化学界的半壁江山的独立分支，而除碳以外的其他所有元素的学问被称为"无机化学"。可见，碳元素是多么重要，又多么让科学家们头疼啊！

几种常见的生命物质

C:碳　　H:氢　　O:氧

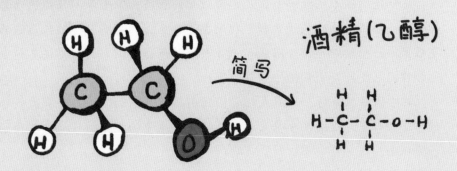

酒精(乙醇)

简写

$$H-\overset{\overset{\displaystyle H}{|}}{\underset{\underset{\displaystyle H}{|}}{C}}-\overset{\overset{\displaystyle H}{|}}{\underset{\underset{\displaystyle H}{|}}{C}}-O-H$$

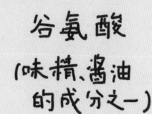

谷氨酸
(味精、酱油
的成分之一)

咖啡因

苍蝇和钻石，哪个更珍贵

你现在对这个问题可能有了不一样的理解。

生命是以钻石元素——碳元素为核心的物质，但生命不只是运动着的钻石。钻石只是碳原子千篇一律的整齐排列，而苍蝇，哪怕只是它的复眼里的一个细胞，都含有成千上万种碳的化合物，它们需要极其精准地合作，来支持苍蝇哪怕一秒钟的飞行。

对于大自然来说，生命是比钻石稀有得多的东西。宇宙中有很多含碳丰富的行星，里面几乎全是钻石。可是有生命的星球，目前只找到了地球一个。

"因为那些星球没有水！"你可能会说。

是啊，你肯定听说过"水是生命之源"这句话。科学家想找外星人，总是会先找液态水。

可是，非找水不可吗？水为什么那么重要？

我们的问题

很多学校旁边的文具店里可以买到磁力小球，也可以买到用塑料小球、小棍组成的拼接玩具。（这些玩具你是不是也有？）

他能用这两种玩具分别搭出什么样的形状？哪种玩具可以搭出更复杂的形状？哪种玩具里的小球更像我们的碳原子呢？

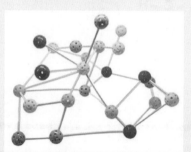

话题三
找外星人一定要先找水吗

宇宙飞船悬浮在目标星球上空。

宇航员们知道，这颗星球有液态水，可能成为人类迫切寻找的第二家园。

但当他们望向窗外，才发现这里毫无生命迹象，只有深不可测的灰色海洋，乌黑的巨浪可以几分钟内把飞船拆个稀巴烂。

"水，生命之源——真是天大的笑话！"一位宇航员愤怒地咒骂道。

这是电影《星际穿越》（Interstellar）中的场景。所幸在影片的最后，地球环境改善，宇航员们得以重返地球。

《星际穿越》讲的故事很感人。但为什么说水是生命之源？为什么寻找外星生命的科学家一定要找液态水？

和天地一样古老的物质是什么

你一定还记得"生命是什么"中我们说，现在的生化学家把生物定义成"可以自我复制的、**除水之外**主要由碳元素的化合物构成的物体"。这个定义中出现了生命元素——碳，也出现了生命之源——水。

这是因为单从重量上看，生命的主要成分不是碳元素的化合物，而是水！人的体重有70%是水贡献的，而水母中水则占它们体重的90%。（当然，丰富多彩的生命活动主要是靠碳的化合物实现的。）

水对我们人类太重要了，以至于所有伟大的古文明都起源于大河两岸，比如尼罗河畔的古埃及文明，两河流域的古巴比伦文明，还有我国黄河流域和长江流域诞生的、绵延至今的中华文明。

《圣经旧约》更是第一句话就说："起初，神创造天地。地是空虚混沌，渊面黑暗，神的灵运行在水面上。"——水在这里被认为是和天地、神灵一样古老的而原始的物质，比光和日月星辰还要古老！

可是在茫茫宇宙中，水的存在就显得不那么理所当然了。地球，我们目前可以确认的唯一存在大量液态水的星球，也是我们目前知道的唯一存在碳基生命的星球。⊝

相信你会不禁发问：这仅仅是巧合吗？

⊝ 在本话题和今后的话题里，我们只要提到生命，都特指碳基生命。

把大问题拆成小问题

我们已经在上一个话题里看到了构成水的微粒——水分子的样子。它长得像一只可爱的米老鼠——一个氧原子连着两个氢原子，形成一个夹角。为什么这么简单的东西竟然成了生命之源？没有水，就真的不能产生生命吗？

这是一个野心勃勃的大问题，却像一只巨大的鸡腿，让人一下子不知道如何下口。让我们试着把它切小——把大问题分解成更具体、更简单的三个小问题：

- 对于我们地球上常见的生物来说，水扮演了什么角色？
- 水有哪些性质，使它能够扮演好这些角色？
- 其他物质是不是也有这些性质？它们能不能扮演好水的角色？

外星人会长什么样？宇宙有边缘吗？为什么生物总能适应它们的环境？癌症可以被治愈吗？……大科学家们和我们每个人一样，总是思考着困难的大问题。本书的很多话题也是这样的大问题。为了想办法解决它们，科学家们经常把它们拆分成小问题，再一个个征服它们。这种方法的学名就叫"分解，然后征服"。

你可能在阅读本书的过程中和今后的学习、探究中经常用到这种方法。

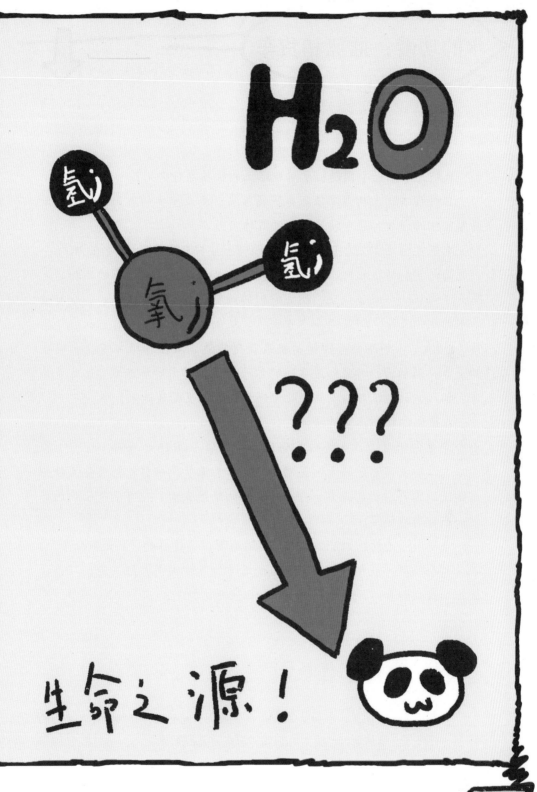

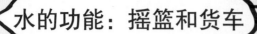

我们先看第一个问题：水对地球上的生物有什么用？

在科学书或生物书上很容易找到答案：水最重要的作用是作为生命活动发生的介质和生命物质运输的载体。

水是生命活动发生的介质，是地球上生命的摇篮。 正是在38亿年前的海洋里，诞生了现在所有生物的最古老的祖先。尽管有的生物后来离开了海洋，征服了陆地，组成它们的细胞仍多是"水生"的：所有最基本的生化反应，仍必须在水中进行。从细胞再生时复制自己的遗传物质（DNA），到细胞分解葡萄糖来获得能量，从植物根部吸收土壤中的营养，到动物的神经细胞之间的信号传递，都需要水环境。这就是为什么仙人掌的生活环境虽然如此干燥，切开来里面还是水！

水是生命物质运输的载体。 作为一种优秀的溶剂，水可以溶解很多小分子生命物质，比如蛋白质的原料氨基酸、DNA的原料（之一）腺嘌呤、储能物质葡萄糖……流动的液态水又像货车一样，把这些生命物质输送到需要它们的地方，可能是特定的细胞表面，也可能是细胞内部的一个特定的位置……

除了小分子物质以外，水还可以运输蛋白质这样的"巨无霸分子"，甚至整个细胞。我们的血液里就流淌着"氧气快递员"红细胞，"杀毒战士"白细胞和"止血神器"血小板。⊖

⊖ 想让水运载细胞，生物体必须有一个驱动水流的泵，否则细胞在重力的作用下，很快就沉底了。我们的心脏就是这样的泵。

水是生命活动的摇篮

水是生命物质运输的载体

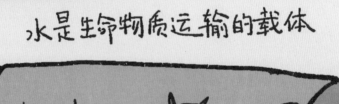

海洋：地球的大烧瓶

现在让我们思考第二个问题：为什么水能扮演好摇篮和货车的角色？

你可以想象，在固体、液体、气体三种物质状态中，**只有液体能成为生命的摇篮**。只有在液体里，腺嘌呤、氨基酸这样的小分子有机物才能以较高的浓度汇聚在一起，自由地运动、碰撞，尝试所有可能的反应，经过几亿年的不断试错，终有一天幸运地组装成DNA、蛋白质这样的大分子，然后形成极其复杂的生命。在固体里，小分子的运动不自由，相遇并发生反应的可能性微乎其微。

那么气体呢？最初的小分子确实可能在大气中生成，但是当分子大到了一定的程度，一定会凝结成液体或固体，在重力的作用下下沉，离开大气。

既然生命的摇篮必须是液体，这个摇篮也就理所应当地兼职了运输生命物质的任务。因此，水的"货车"角色可以被看作"摇篮"角色的副产品。

水作为生命的摇篮，另一个重要的特征是**它的化学性质很稳定——**这"米老鼠"分子不会轻易去干扰碳原子之间的连接，不会轻易去破坏含碳的小分子，这使得有机物可以专心地和有机物反应。

水还有一个很重要，但是很容易被忽略的性质：**它在地球上含量非常丰富**。一种液体哪怕是再好的溶剂，化学性质再稳定，如果只存在于化学实验室小小的10mL烧瓶里，也孕育不了生命，因为生命的形成是无数化学反应试错的结果。而地球表面的71%是海洋。

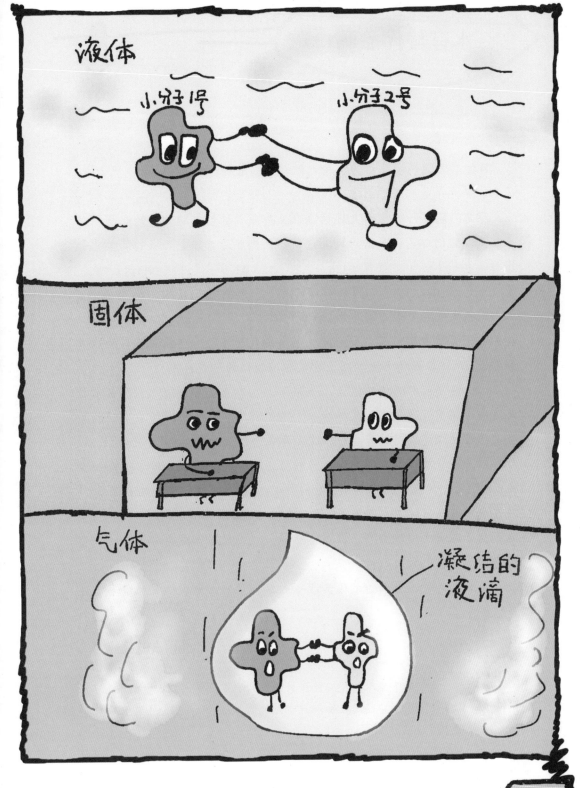

水有替代品吗

可能有其他的物质成为生命之源吗？如果有，也许科学家寻找生命，就不一定要寻觅水的踪影了。

可是，能在行星表面大规模存在，形成"巨型实验室"的化学物质并不多，它们都是由元素周期表最前面的那些元素组合而成的简单化合物——氢气（H_2）、氦气（He）、甲烷（CH_4）、氨气（NH_3）、氮气（N_2）、水（H_2O）、二氧化碳（CO_2）、氰化氢（HCN）等。

既然生命之源必须是液体，让我们来看看这些物质什么时候是液体。我们在下页图中展示了在和地球差不多的气压下，这些物质各自的熔点和沸点。^㊀在熔点和沸点之间，它们就以液体的形式存在。

你一定发现水的特殊性了。如果熔点、沸点是"成绩"，那么水就是这个小组里遥遥领先的优等生！水超过沸点，意味着它能在别的物质早就沸腾的温度下保持液态——这又意味着什么呢？

答案很简单：温度越高，反应越快。化学家们想在实验室合成一个东西，最常用的技巧就是加热，他们常说："温度高10℃，反应快1倍。"液态水比液态甲烷温度高很多，因此在水中有机小分子发生反应的速度，远远高于在液态甲烷中——液态水环境大大缩短了形成生命大分子需要的时间。

一颗有大量液态水的星球，比一颗有大量液态甲烷的星球更有可能产生生命。

㊀ 不同行星上的气压不同，而气压对物质的熔点和沸点都有影响。为了公平比较，下页图中的熔点和沸点都是大约1标准大气压（100kPa）下的数据。

行星表面常见物质熔点,沸点/°C

	熔点	沸点或升华点*
水(H₂O)	0	100 ☆
氢气(H₂)	-259	-253
氦气*(He)		-269
甲烷(CH₄)	-183	-161
氨气(NH₃)	-78	-34
氮气(N₂)	-210	-196
二氧化碳*(CO₂)		-78
氰化氢(HCN)	-13	26

*升华:直接从固体变气体

我们已经回答了三个小问题，把它们串起来，就得到了我们最初的大问题的一个可能的答案。

为什么水是生命之源？水在地球上的生物中是生命活动发生的介质，是小分子合成最初的生命大分子的反应环境，因此成为生命的摇篮，同时它还担当了运输生命物质的载体。只有液态物质可以胜任这两种功能。而在行星表面大量存在的物质中，水可以在较高温度仍保持液态，这使得液态水中的化学反应比液态的其他物质都快得多，因此液态水中的有机小分子更容易合成有机大分子，进而形成生命。

可是，真的非水不可吗？我们说水是遥遥领先的优等生，它的同学们就毫无机会了吗？

有人认为还是有的。

博雷尔（Emile Borel）是法国的数学家和政客，他有句著名的言论："给予足够的时间，一群猴子能在打字机上打出一首莎士比亚的诗！"（那是 19 世纪和 20 世纪之交，打字机刚刚在民间流行起来，现在我们当然是让猴子玩计算机、玩手机了。）

对于博雷尔来说，在每一颗行星上，各种分子胡乱地碰撞、反应，不正是我们乱打字的猴子吗？给予足够的时间，也许所有的介质里都能形成大分子，形成可以自我复制的生命——地球上的液态水只不过是打字最快的猴子罢了。猴子的寿命有限，但宇宙有的是时间。

你怎么看？你同意他的观点吗？

...PM72B5YRN3KFE%@GNXCK&XKH*GH...
E1X54U4C48!MNTPJ TOBEORNOTTOBEDPAE?...
大作家莎士比亚的作品
Émile Borel

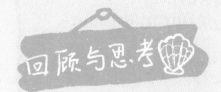

找外星人一定要先找水吗

不一定。也许氨和氰化氢等其他物质也能成为生命之源。不过，既然液态水中形成生命的概率比任何其他液体都大，想要找到外星人的科学家还是应该把有限的资源用于寻找液态水。这样，他们更有可能成功！

除了水，地球上还有一种大规模存在的液态物质——石油。石油是远古时期的生物尸体在地下高压的环境，经过复杂的化学反应形成的。石油的成分主要是各种碳和氢的化合物。

查一查，有没有活在石油里的生物？它们是怎么生活的？它们需要水吗？

话题四
我们水晶球里的祖先

　　地球是一颗非常非常古老的星球，已经存在了46亿多年。这46亿年是多古老呢？假如我们让地球演化的速度加快1亿倍播放，我们就可以把地球从诞生到现在的时间压缩到46年。在这46年里，我们人类存在的时间相当于短短的不到一天！也就是说，如果地球在46年前诞生，那么直到昨天，才有了现代的人类！

　　但是，早在地球8岁的时候，也就是38亿年前，发生了一件大事：有细胞结构的生物诞生了。

　　那些最初的生物可能毫不起眼，但它们可是如今所有动物、植物、真菌、细菌的共同祖先。

　　让我们回到地球的"小时候"。⊖

⊖ 本话题中讲的故事，是科学家们经过大量实验，提出的一个可信的理论。除此之外，还有很多其他的有关细胞起源的理论。你也可以提出自己的理论。

今天的地球可能是宇宙中最美丽的星球了。宇航员们坐飞船到太空，会看到蔚蓝的海洋、湖泊和绿油油的森林、草原。那蓝色和绿色的地方，甚至黄色的沙漠里、白色的冰雪上，都生活着无数可爱的物种。难怪大家都说我们的地球是孕育生命的"地球母亲"，我们唯一的家园。

但是童年的地球是一个动不动就闹得天翻地覆的熊孩子。那时候天不是蓝的，而是厚重稠密的红色，到处都是狂风暴雨，电闪雷鸣。那时大气层里没有氧气，却有大量的二氧化碳（CO_2）和甲烷（CH_4），就像地球的邻居火星和金星那样。二氧化碳和甲烷强大的温室效应，让我们的地球小朋友一直发高烧——海洋的平均温度可能达到了90℃，有时候还会沸腾！海底和陆地上动不动就火山爆发，喷出炽热的岩浆。

而且，没有氧气、臭氧的保护，当年的地球经常招来一群凶狠的宇宙恶霸——各种陨石、彗星、宇宙射线，都在不断袭击地球，把它破坏得坑坑洼洼。

但正是在这样的地球上，诞生了最初的生命。

你可能想，在这早期的地球上，又是陨石，又是射线，又是酷热，又没有氧气——这明明是地狱嘛，哪里像生命的家园！

可是再仔细想想，你会发现这里充满着诞生生命的可能。

——大气中丰富的二氧化碳（CO_2）和甲烷（CH_4），正好含有我们的生命元素碳。

——频繁的雷电、宇宙射线和火山喷发，以它们强大的**能量**激活了二氧化碳，使懒惰的二氧化碳愿意发生化学反应，互相连接起来，形成越来越多、越来越复杂的含碳物质（有机物）。

——陨石和彗星袭击地球的时候，会和大气摩擦产生高温，也可以激活二氧化碳。陨石本身也可能带来丰富的有机物。

——无边无际的炽热海水是我们上一个话题所说的生命之源，它就像化学实验室里的一个巨大的烧瓶。成千上万的有机分子在那里胡乱碰撞着，不断尝试着各种反应。

正如乱打字的猴子最终可以打出莎士比亚的诗歌，经过了几亿年的反应，这原始海洋的大烧瓶里出现了三种神奇的物质——RNA、蛋白质和油脂。

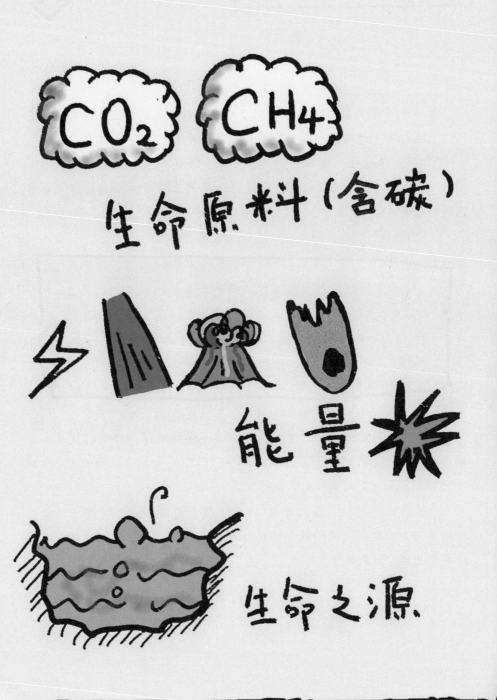

CO₂ CH₄

生命原料（含碳）

能量

生命之源.

你一定知道女娲造人的故事吧！女娲按自己的形象捏了一个小泥人，小泥人活了起来，跟女娲长得一模一样。

RNA 长得一点也不像女娲，但有着和女娲一样自我复制的能力。RNA 的中文名叫核糖核酸，它长得像一条长长的项链，上面串了 4 种不同的珠子：A（腺嘌呤）、G（鸟嘌呤）、C（胞嘧啶）、U（尿嘧啶）。

这些名字是不是很奇怪？它们都是化学分子——碳原子和其他原子搭成的积木小作品。世界上的化学物质太多了，所以化学家们必须找一些奇奇怪怪的字，甚至自己造字，才能让这些物质全都有名字。

这可不是一般的项链：只要珠子串成一定的顺序，这项链就能像女娲一样，按照自己的样子，复制出一个自己来。复制出来的 RNA 上珠子的顺序，和原来的 RNA 一模一样。

女娲用泥巴复制自己，而 RNA 自我复制的原料是 4 种珠子，以及相当于"串珠绳子"的磷酸和核糖。科学家们认为，这些东西在当时的海洋里已经广泛存在了。

　　蛋白质也像项链一样是长长的一串，不过它的珠子叫作**氨基酸**。我们现在的生物世界里有 20 种氨基酸，但是在地球早期，氨基酸的种类可能比 20 种多一些或少一些。

　　不同的蛋白质上，氨基酸珠子的排列顺序不同，而每一种排列顺序都像是巫师的一句咒语，可以使蛋白质项链折叠成不同的形状，从而获得特殊而神奇的技能。

　　有的蛋白质形成了坚韧的纤维或者盔甲（我们的头发就是由"角蛋白"构成的），有的成为了搬运其他分子的快递员（我们血液里的"血红蛋白"专门负责运输氧气），有的变成了可以在压力的驱动下转起来的马达（我们的每个细胞里都有这样的马达——"ATP 合成酶"，它们为细胞生产能量），还有的更奇妙，它们所到之处，一些特定的化学反应突然变快了几千倍、几万倍，甚至几百万倍！

　　所以，你可能会问，"蛋白质到底是用来干什么的？"这个问题的答案是："蛋白质的功能不是单一的，每种蛋白质都有自己专属的独特的功能，要具体问题具体分析。"但是，我们可以说，生物体内绝大多数蛋白质，都是用来加快化学反应速度的。

　　这种给化学反应加速的本领被称为**"催化"**。有催化能力的蛋白质叫作**"酶"**。（有的 RNA 也有催化能力，但是比蛋白质弱得多。）

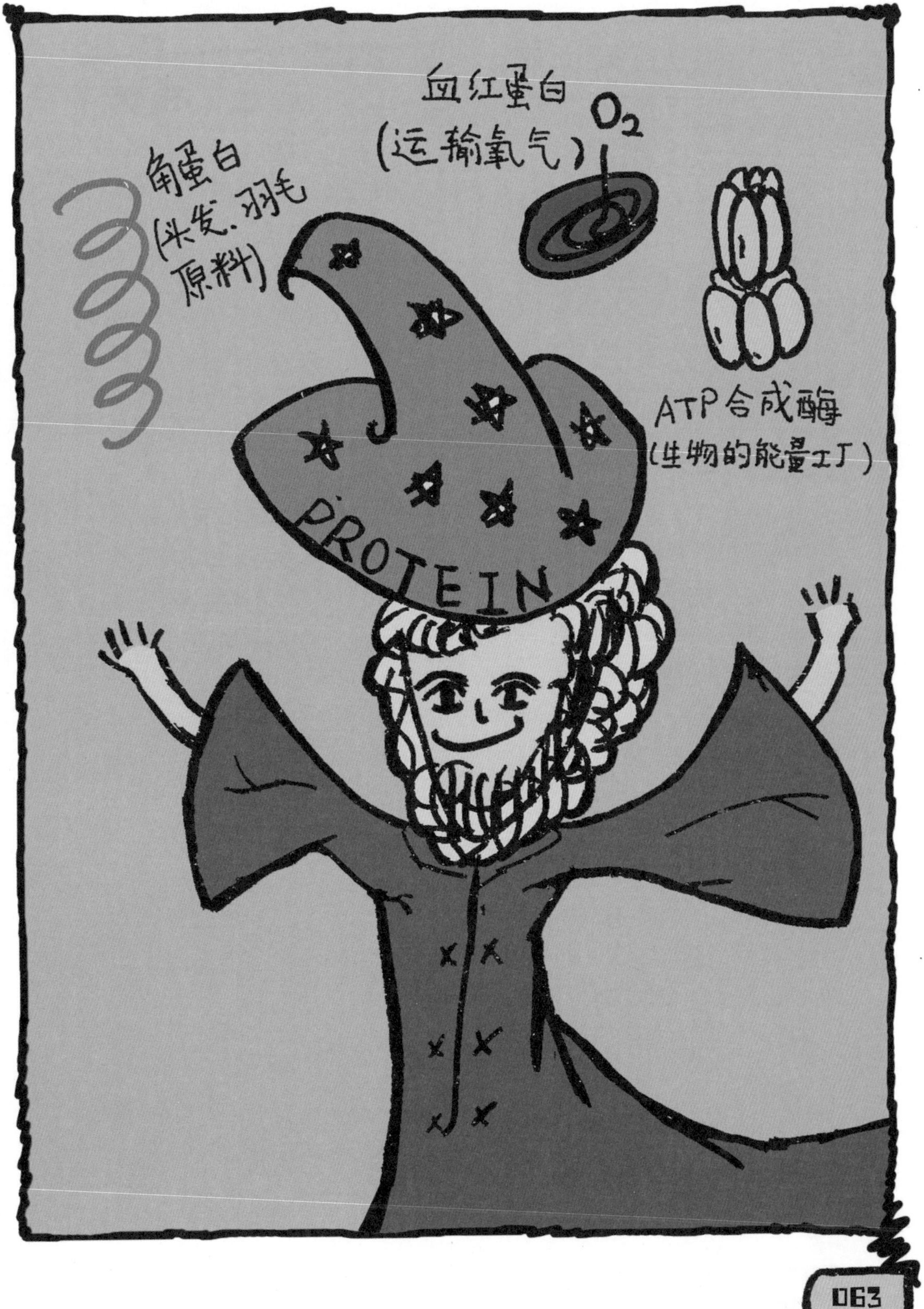
角蛋白
(头发、羽毛
原料)
血红蛋白
(运输氧气)
O_2
ATP合成酶
(生物的能量工厂)
PROTEIN

"水晶球"油脂

　　我们都吹过肥皂泡泡，见过圆滚滚的泡泡在空中随风飘游。童年的地球也喜欢吹泡泡。远古的海洋里，许多泡泡随着水流飘荡。它们的成分和肥皂水的成分几乎一样，都是**油脂**。

　　油脂分子长得像一只毛毛虫：它的头喜欢和水一起玩，而长长的尾巴讨厌和水接触。于是每当一大堆油脂分子遇到水，它们就会自动聚集起来，把讨厌水的尾巴堆在一起，把头伸到外面和水接触，形成圆形的小油滴或者小泡泡。泡泡由薄薄两层油脂分子组成，里面和外面都是水。

　　我们在空气中吹的泡泡很容易破裂，因为它们太大了，很容易受到外力（重力和风力）的袭击而变得不均匀。而海洋中的小泡泡只有几微米，并且海水的浮力可以抵消重力，所以它们不容易破；即使破了，也容易重新修复成完整的泡泡。

　　这些几微米的小泡泡就像美丽的"水晶球"，薄薄两层油脂分子保护着泡泡里面的小世界。泡泡里的东西不容易出去，而泡泡外面的东西也别想轻易进来！

海洋里的"三结义"

RNA、蛋白质和油脂都有神奇的能力，但是它们也都有自己的烦恼。

RNA 说："我会自己复制自己，我的 4 种珠子的排列组合也可以蕴含丰富的信息。可是我复制自己的速度太慢了，而且周围各种横冲直撞的小分子随时能把我撞烂——我需要一个保护壳。"

蛋白质说："我有催化功能，可以把什么事儿都变得很快，我还有很多其他的技能。但是我不会复制自己，也容易被破坏，所以也需要一个保护壳。"

油脂说："我可以提供你们要的保护壳！我的问题是生活太无聊了，就一个球漂来漂去，最好有谁给我传授一些魔法技能，让我变得更有意思。"

相信读到这里你应该知道怎么办了：它们应该团结起来，变得更强大！

但是这些物质本身没有意识，它们的相遇一定是偶然的。我们不知道在童年的地球上，三种物质是谁先遇见了谁，但是我们知道它们最后完成了革命性的"三结义"。

- RNA 发挥它强大的自我复制功能，并帮助蛋白质自我复制。（油脂在海洋里到处都有，就不需要特意复制了。）
- 蛋白质发挥强大的催化功能，使得 RNA 更快更好地完成复制任务。
- 油脂泡泡为 RNA 和蛋白质提供了保护壳，使得它们免于受到其他分子的袭击。

"三结义"后，它们形成了一个所向披靡的团体——细胞。

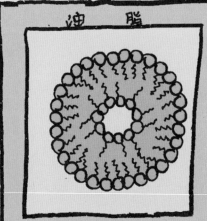

油脂

- 🙂 形成保护壳
- 🙁 没有高级技能

RNA

- 🙂 可以自我复制
- 🙁 复制慢. 需要保护壳

蛋白质

- 🙂 神通广大, 有催化功能
- 🙁 无法自我复制

细胞结构能快速地复制自己，又有了油脂外壳的保护，我们可以想象，它们会疯狂地生长、繁殖，不断扩大地盘，试图占领整个海洋。

在这群最原始的细胞里，生活着我们地球上所有动物、植物、真菌和细菌共同的祖先。它可能是一个细胞，也可能是一群细胞。科学家们给它起了一个名字"卢卡"（LUCA）——这也是一个常用的小男孩的名字，所以我们可以称卢卡为"他"而不是"它"了。

当年的卢卡可能只是生活在海洋里的一个有着特殊技能的小泡泡。卢卡一定想不到，38亿年后，他的子孙几乎遍布地球的每一个角落，有的变成了参天大树，有的变成了美丽的天堂鸟、蝴蝶，还有的变成了充满智慧、足以探索宇宙奥秘的人。

LUCA

[Last Universal common Ancestor
最后的* 世界级的 共同 祖先]

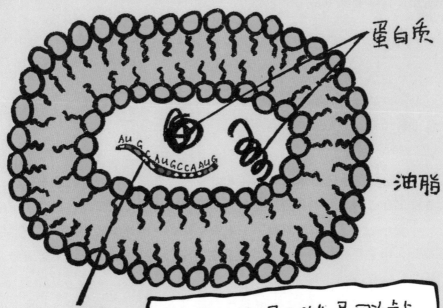

蛋白质

油脂

RNA

*之所以说"最后的"，是因为卢卡的后代分化成了不同物种，卢卡的后代不再是所有有细胞结构的生物的共同祖先。

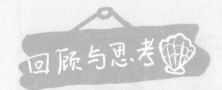

我们水晶球里的祖先

如果你可以穿越，那么想不想回到 38 亿年前和卢卡做朋友？

卢卡一定会欢迎你，不过提醒你带好氧气瓶，因为他那时生活的地球还没有氧气！

今天，地球大气中，有 21% 是氧气，其他任何星球上都找不到氧气。你知道这些氧气是哪里来的吗？

我们的问题？

细胞不能永远像水晶球那样封闭着，它需要吸收外界的营养，也需要排出自己的废物。有的细胞还需要和其他细胞交流信息。因此，细胞的油脂外壳（叫作"细胞膜"）上需要镶嵌一些特殊的"通道"和"信箱"。你觉得它们用什么物质做最好？RNA、蛋白质、特殊的油脂，还是别的东西？

现代的动物和植物的细胞里，除了有 RNA，还有 RNA 的"小妹"DNA。查一查，RNA 和 DNA 有什么不同？它们在现代动植物细胞里分别承担了哪些任务？

如果你真的能穿越回 38 亿年前，你想问卢卡什么问题呢？

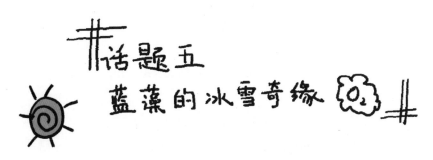

话题五
蓝藻的冰雪奇缘

"随它吧，随它吧，回头已没有办法……"

这是迪士尼的动画片《冰雪奇缘》里的一首歌。

《冰雪奇缘》讲了这么一个故事：艾莎公主从小就有从指尖喷出冰雪的神奇魔法。随着她的长大，这魔法也越来越强大。后来完全失控的魔法让整个王国陷入了永久的严寒，艾莎公主不得不逃到山里，生活在自己创造的冰雪世界。

在我们地球的历史里，在生命演化的历程中，也有一段有关失控魔法的故事。这段历程给地球带来了其他任何星球都找不到的氧气，也带来了靠氧气呼吸的我们。

故事发生在24亿年前。如果我们仍然把历史演化的速度快放一亿倍，那么这就是地球22岁的时候。这时候，距离细胞生物的共同祖先"卢卡"诞生，已经过了14亿年。

我们可以想象，卢卡已经有了很多很多后代，它们广泛地分布在原始的海洋里。它们已经演化成了不同的物种：有的在油脂泡泡外面加了坚硬的外壳，有的用更稳定的DNA代替了RNA作为最重要的遗传物质，有的有了攻击并吃掉其他细胞的能力……（是的，过了这么多年，卢卡的后代们开始互相残杀了！）

故事的主人公，我们暂时叫它小蓝。小蓝也是卢卡的后代之一，是一个生活在海洋里的细胞⊖。 但是你如果穿越回24亿年前，会发现小蓝和它的亲戚伙伴们都不一样：它长成了很漂亮的蓝绿色。亲戚伙伴们有的也有颜色，但是小蓝的颜色是独一无二的。

这也没什么奇怪的。DNA和RNA复制自己的时候老是出错，有的错误就误打误撞地形成了全新的色素。

所以，一开始，小蓝在亲戚、伙伴们看来，只是一个漂亮的同伴，除此之外没有什么不同。

⊖ 也可能是一群长得一样的细胞。

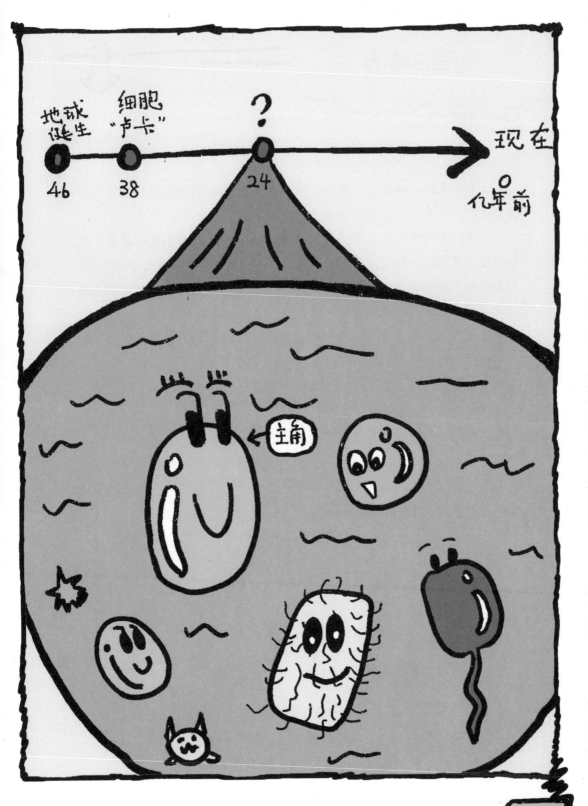

危险的魔法

这天阳光特别强烈，小蓝和小伙伴们正好在海面晒太阳。只见一个二氧化碳分子钻进了小蓝的油脂泡泡里。

奇怪的事情发生了。那懒惰的二氧化碳分子一碰到小蓝的色素，就仿佛被雷电劈了一样突然躁动了起来，躁动的二氧化碳和水发生了反应，形成了糖类——糖类对小蓝来说是美味的食物！一般情况下，二氧化碳只存在雷雨天才这么活泼躁动，怎么现在大晴天就这样呢？

与此同时，一个奇怪的分子从小蓝的油脂泡泡里飘出来，砸中了一个小伙伴。

"喂，你放出来的是什么东西？我都受伤了！"

"我也没见过！而且，我自己没受伤呀。"小蓝说。

这种奇怪的物质其实就是氧气（O_2）。我们知道，如今大部分生物都离不开氧气，但是在小蓝的时代，大气中根本找不到氧气的踪影。小蓝无意中制造的氧气，对当时的生物来说是一种特别有致命攻击性的物质，是一种毒气——只有小蓝不怕它。

"小蓝，你真可怕！不要再玩这个危险的魔法了！"伙伴们说。

随它吧，随它吧

可是，小蓝哪里能控制得住自己！

每当阳光强烈，小蓝就能把二氧化碳和水合成食物，然后释放出对它的伙伴们来说是剧毒的氧气。与此同时，太阳光的能量变成了食物和氧气中蕴含的能量。这种魔法叫作**光合作用**。

和《冰雪奇缘》里的艾莎公主一样，随着小蓝的长大，它的光合作用魔法也越来越强大，释放出的氧气伤害了很多同伴。所以后来没有谁敢和小蓝玩了。艾莎用冰雪创造了一个孤独的世界，而小蓝用的是氧气。

后来小蓝有了自己的孩子，⊖ 它们也长成了漂亮的蓝绿色——光合作用的魔法是可以遗传的！一个全新的物种——蓝藻，就这样诞生了。

蓝藻可以自己合成食物，不需要到处觅食，它们比其他物种更容易生存和繁衍，而且它们产生的氧气消灭了很多竞争对手。因此，蓝藻迅速称霸了整个海洋，建立起了所向无敌的蓝绿色王国。蓝藻所到之处，几乎没有其他生物能活下来。

这蓝藻王国强大的光合作用让地球的大气成分发生了剧变。空气中的氧气越来越多，而二氧化碳越来越少。二氧化碳的温室效应减弱了，地球的温度就大大降低。靠近南北极那些是海洋的地方，开始产生大量的冰雪。

不需要艾莎从指尖喷出的冰雪，小小的蓝藻自己导演了一场冰雪奇缘！

⊖ 蓝藻可以分裂繁殖，或者用孢子繁殖。

美好的结局

在《冰雪奇缘》里，一位猎人爱上了艾莎公主。艾莎的魔法终于受到了控制，大地开始回暖。

在生命的演化史里，终于也出现了可以控制住光合作用魔法的猎人。这是另一种油脂泡泡，科学家们叫它"**线粒体**"。

线粒体拥有和光合作用针锋相对的魔法：它可以吸收氧气，用氧气分解食物，释放出水和二氧化碳，同时也释放出蕴藏在食物和氧气里的巨大能量，用来支持细胞的各种活动。这种魔法叫作**有氧呼吸**。

线粒体出现之前，所有的生物（包括蓝藻）都必须用其他的物质来分解食物。⊖ 这些过程又慢，释放出的能量又少。于是线粒体成了最有活力的生物。渐渐地，海洋里也遍布了线粒体的踪迹。

后来，有的线粒体和蓝藻合作，钻进了同一个巨大的油脂泡泡，形成了一个新的大细胞。这大细胞里的蓝藻演化成了使光合作用更快的**叶绿体**。这种细胞是今天所有植物的祖先。还有一些线粒体自己抱团，形成了含有很多线粒体的大细胞——它是今天所有动物的祖先。

今天，光合作用和有氧呼吸一起维持了我们现在稳定的大气成分：78% 的氮气（N_2），21% 的氧气（O_2），和 0.03% 的二氧化碳（CO_2）。稳定的大气成分，也维持着相对稳定的地球气候。

⊖ 比如硫、硫酸盐、硝酸盐、铁离子等。

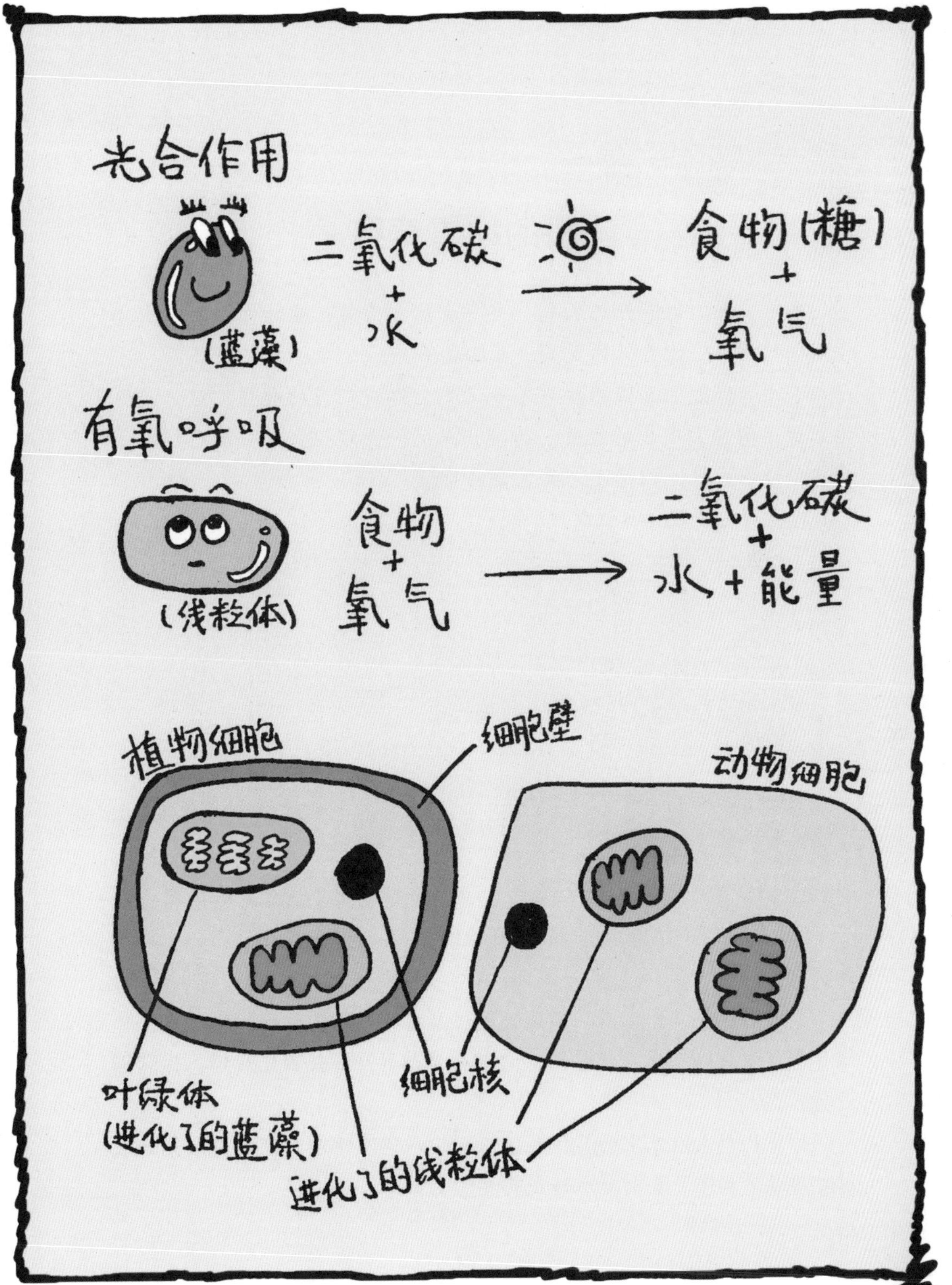

光合作用

二氧化碳
+
水
（蓝藻）

食物（糖）
+
氧气

有氧呼吸

食物
+
氧气
（线粒体）

二氧化碳
+
水 + 能量

植物细胞

细胞壁

动物细胞

叶绿体
（进化了的蓝藻）

细胞核

进化了的线粒体

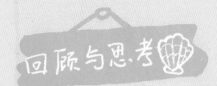

蓝藻的冰雪奇缘

是的，我们离不开的氧气，当年竟然是毒气！生物课本上"光合作用"的章节，能告诉你更多小蓝的魔法。

不过，历史上真实的故事不一定完全像我们写的那样！这只是科学家为了解释大气中的氧气，推演出来的一个理论。它虽然已经有很多实验证据支持，但是还需要更多实验！

你觉得这个理论怎么样呢？

我们的问题？

今天的地球上有很多"厌氧菌"，它们无法在含有21%的氧气的环境中生存。不同的厌氧菌对氧气的"讨厌"程度不同，有的可以忍受8%的氧气，有的只能忍受1%的氧气。在生命的演化中，你觉得是只能忍受1%的氧气的厌氧菌先出现，还是能忍受8%的氧气的厌氧菌先出现？为什么？

如果有机会，你可以在显微镜下观察植物的叶肉细胞。你能看见叶绿体和线粒体吗？如果能看到，它们长什么样？如果不能看到，你觉得是为什么？

你觉得对于地球上的其他生物来说，人类有哪些特别的魔法？如果这些魔法失控了，会对地球造成哪些影响？

第二章 **2**

总有一种生物让你震惊

——了解生物多样性

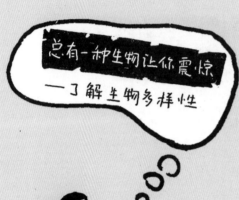

话题六
"海绵宝宝"走在科技最前沿吗

在第一章，我们了解了生命的化学基础和生命的起源。在这一章，我们要走进今天的生物世界，了解现代生物和它们千奇百怪的技能。

首先要登场的是"海绵宝宝"。在动画片里，他是一个穿着方短裤的呲牙咧嘴的小朋友。

不过，"海绵宝宝"到底是什么东西，为什么从来没在现实生活中看见这么可爱的"海绵宝宝"？

当然，生活中的"海绵"是用来洗澡、刷碗的合成物，一点儿都没有生物的样子。但是自然界的"海绵宝宝"是非常正经的海洋动物。它们虽然长得简单，却有着震惊科学家们的神奇魔法。

哪儿也不去的"海绵宝宝"

　　"海绵宝宝"是一种海绵动物，它的学名是 Porifera，就是"多孔"的意思。它们可以说是最原始的动物了：它们的细胞只是简单地分化，并没有形成像样的组织。

　　它们的幼虫可以随波逐流，但是成虫都固定在海床或者珊瑚上，一蹲就是一辈子，一不小心就被认成植物了。有的海绵可以蹲上 13000 年！它们长得多孔有弹性，一般有华丽的颜色，不过也有透明的。

　　显然，真正的海绵宝宝比动画片里的"宅"多了。

　　它们主要的进食方式就是过滤海水中的悬浮食物颗粒。每一只海绵都是一个强大的泵，它们靠一些细胞⊖上的长毛持续搅动海水，让水从它们复杂的洞中按固定方向进进出出，形成穿越它们身体的"河流"。这些河流像它们的血管，海水就是它们的血液，在水进进出出的过程中，它们可以把夹带的食物颗粒拦截下来消化掉。

　　每天，每千克的海绵要吞吐 2 吨水！（不像我们每天喝 8 杯水都嫌麻烦对不对？）

　　⊖ 叫"鞭毛细胞"。

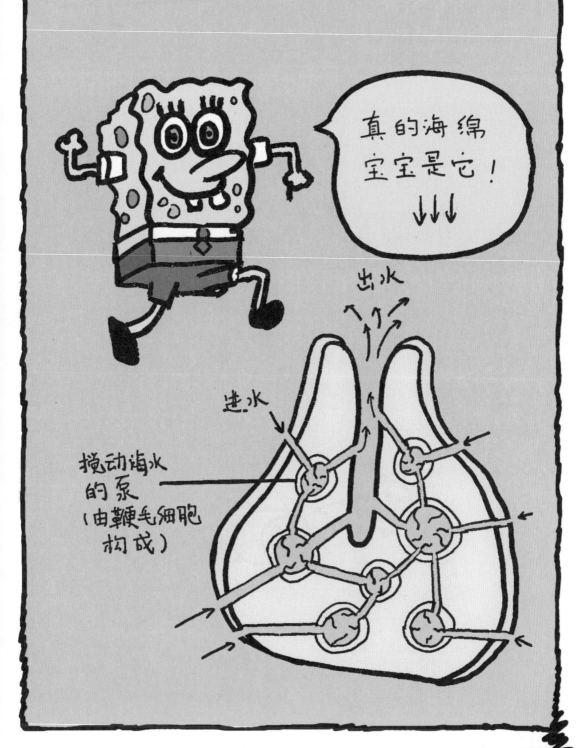

海绵哪儿也不去，不会被吃吗

毕竟兔子跑那么快都会被吃。海绵能在海底一直安静地蹲着，一定身怀绝技。这个绝技就是它们实在是太难吃了：吃海绵和吃玻璃碴儿是一个感觉。

海绵的多孔体型很容易垮掉，所以它们需要坚挺的骨架支持。这个骨架，就是海绵的骨刺。骨刺是直径几十微米、长度零点几毫米到几十厘米不等的硬刺。有的骨刺的成分是二氧化硅（石英玻璃的成分），有的是碳酸钙（贝壳的成分），它们都很硬。成千上万的骨刺像脚手架一样，搭起一个又有弹性又牢固的海绵结构。〇

骨刺的形状特别奇特，拥有神秘的对称美。但是不管是什么形状，所有的骨刺都是刺，即使是球状的，上面也有刺。这说明"海绵宝宝"就是想扎烂那些想吃它们的物种啊！

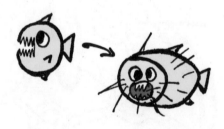

〇 不过也有没有骨刺的海绵，它们用一种很坚韧的蛋白质"海绵质"作为骨架。

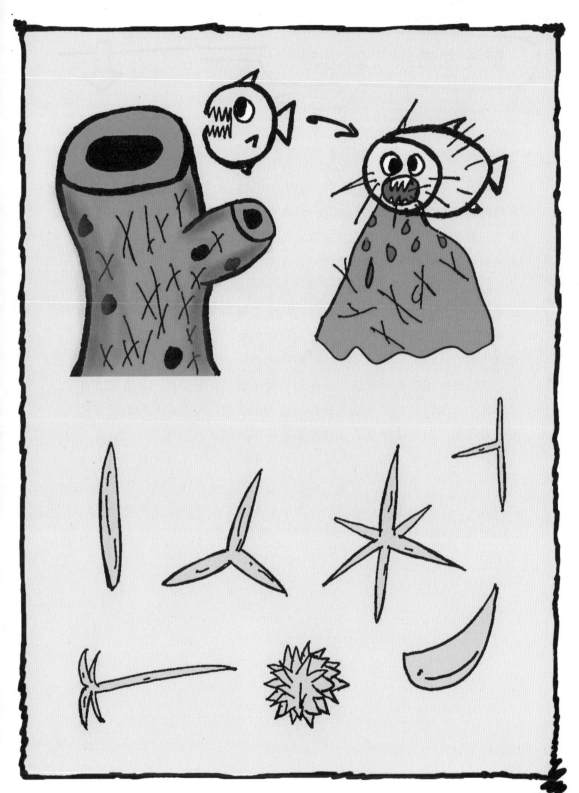

二十几年前，生物学家觉得骨刺的作用只是构架身体、扎烂敌人（一举两得已经很不容易了）。但是，就在这时，计算机和信息技术发展起来了，用光来传递信息的光纤通信成为了最新的技术。光纤就是用来导光的细长物体，比如玻璃丝。

　　1994 年，研究海绵的意大利人盖诺（Gaino）和萨拉（Sarà）看了看光纤的样子，又看了看上面那张海绵的骨刺构架的样子，觉得它们十分相似。于是他们突然产生了一个大胆的想法：骨刺不会是海绵的导光系统吧？

　　他们觉得这还真有可能。海绵除了吞吐海水获得食物，大多还会自己搞搞小农业：它们可以跟蓝藻和绿藻共生。海绵的多孔结构是绿藻的理想避难所，而绿藻通过光合作用给海绵提供现成的食物。可是，前人没有想到的问题是，蓝藻和绿藻要钻到海绵深处的洞里才能避难，如果那里一片漆黑，它们就不能进行光合作用了啊！盖诺他们想，一定是骨刺把光导入了海绵深处，让钻入其身体里的藻类也可以进行光合作用。

　　于是他们就解剖了一只活的海绵，果然在骨刺周围发现了绿色的藻类。

是"海绵宝宝"最先发明了光纤

不过，前面说的那个研究小组之后就没有继续做相关的实验了。

后来还是德国的穆勒（Müller）小组，特意拿来一根长达30cm的骨刺，让白光通过它。他们发现骨刺的导光率确实相当高，有60%的光透过了骨刺。而且骨刺不仅仅是把光传递过去那么简单，还附带了一个滤镜功能，把藻类不要的蓝绿光都滤掉了，留下它们要的红黄光。

德国还有一个布鲁默（Brümmer）小组，觉得上面这个实验不够严谨。他们认为把骨刺分离出来做的实验不能证明在活的海绵里骨刺就是用来导光的。所以，他们也做了一个简单的实验，把感光纸（胶卷）塞进了活体海绵，让感光纸截断骨刺纤维。实验的结果很明显：只有感光纸截断骨刺纤维的地方出现了曝光点。

至此，"海绵宝宝"是光纤的发明者无疑了！

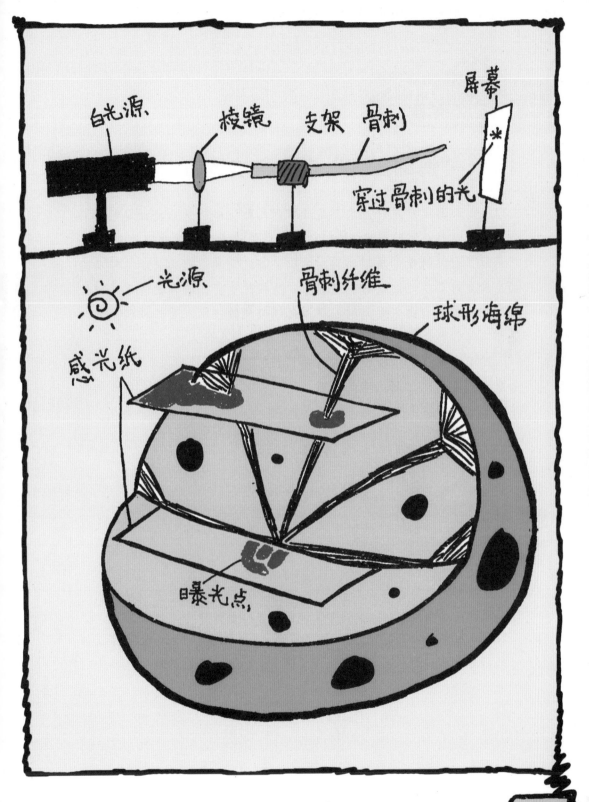

白光源　　　校镜　　　支架　骨刺　　　　屏幕

穿过骨刺的光

光源　　　　　骨刺纤维

球形海绵

感光纸

曝光点

"海绵宝宝"走在科技最前沿吗

我们人类生产光纤，需要高温熔化二氧化硅，然后抽丝定型。而海绵在自然界正常的温度（0~30℃）下，用海水中的微量硅酸作为原料，就驾驭了如此棘手的玻璃材料，做出了导光质量又好又兼具滤镜功能的生物光纤。不过这种骨刺光纤难以规模化生产，具体性能也难以按照人们的需求自由定制。所以现在光纤领域的技术人员正在研究怎么复制海绵骨刺合成机理，在常温下就能大规模生产光纤。

2010年的诺贝尔物理学奖颁给了"光纤之父"、华人科学家高锟。如果人们真的能仿照海绵的原理，找到常温下做光纤的技术，我们就应该给"海绵宝宝"也发一个诺贝尔奖！

我们的问题

既然海绵在海底一动不动地蹲一辈子，为什么还说它是动物而不是植物呢？区分动物和植物的最重要的标准是什么？

如果有机会，去水族馆观察一下，能看到海绵吗？它们都有哪些形状、哪些颜色？你觉得海绵的颜色对它本身有什么作用？

话题七
知了的"数学"好到了什么程度？

生物学的知识不仅在生物书上，也在我们的传统文化里。几千年前的古人可能不知道细胞是什么，也不懂进化论等生物学理论，但是生活在生态很好的城镇或村庄的他们，无意中用文字为我们记下了很多生物的现象。

比如战国时期的思想家庄子有一篇著名的《逍遥游》，里面有一句话说："朝菌不知晦朔，蟪蛄不知春秋"。其中说的"蟪蛄"就是知了，它们看上去不是春生夏死就是夏生秋死，所以庄子认为，知了不可能完整地了解一年四季。

但是，毕竟那个时候的古人没有意识到要非常仔细地观察自然才能下结论。实际上，知了不仅比庄子想象的活得时间长，可能还比庄子更"懂"数学。

让我们来看看这种机智可爱的昆虫吧。

其实,看上去夏生秋死的知了是它的成虫阶段。

知了有着几年甚至十几年的幼虫期,所以不仅知道春秋,还知道挺多。之所以我们看不到知了幼虫,是因为它们藏在地下。知了的卵在地面上孵化,然后幼虫会潜伏在地下很多年,直到有一天钻出来,"金蝉脱壳"变成庄子看到的知了。知了的成虫期确实只有2个月。

从孵化到产卵,中间间隔的时间,就是知了的一个生命周期。

昆虫学家古德(Stephen J. Gould)发现了一个惊人的现象:大多数知了的生命周期都是质数!生命周期有7年、11年、13年、17年的,12年和15年的就很少。比如美国东部的知了,大多是13年和17年的。

这就很离奇了。假如知了的生命周期是在5~20年之间自己随意选的,那么在5和20之间只有6个质数,其他10个都不是质数(是合数),从概率上来说,它们应该大多数拥有非质数的生命周期才对。为什么它们却偏偏选中了这些质数?

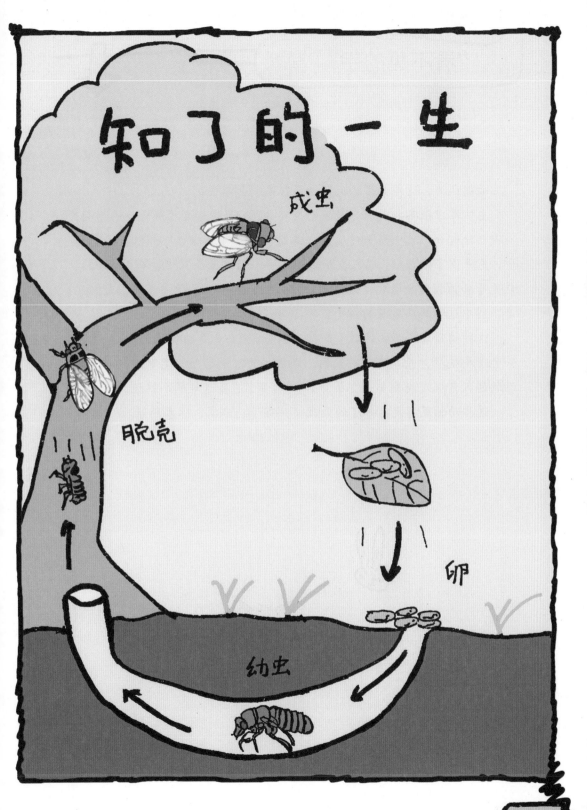

知了的一生

成虫

脱壳

卵

幼虫

古德认为，这跟知了的天敌数量爆发周期有关。

自然界中很多物种的数量不是恒定的，而是受到食物和天敌的影响，周期性地起伏。比如狐狸吃兔子，那么兔子多了狐狸多，狐狸多了兔子少，兔子少了狐狸少，狐狸少了兔子多……这就像一只"看不见的手"，让兔子和狐狸的数量稳定地波动。把狐狸和兔子的数量描成图，大概就是下图中这种此消彼长的样子。

这种捕猎者和猎物的数量周期，最终的源头都是植物的生长周期（比如兔子要吃草，而草有一年生的、两年生的）和动物的生育周期。很多动物的数量爆发周期都是 2 年、3 年、4 年、6 年这样的小整数。

这些动物里肯定有知了的天敌——燕子、麻雀、啄木鸟等。

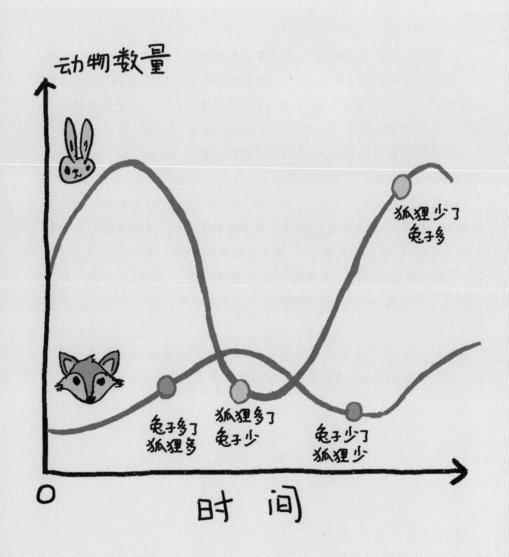

12 和 13 的差别不仅仅是 1

　　如果知了的生命周期是 12 年，那么知了的数量会每 12 年爆发一次，那么它们会活得很惨：那些 1 年一爆发、2 年一爆发、3 年一爆发、6 年一爆发、12 年一爆发的天敌，都可以精确地赶在知了数量爆发的时候爆发，从而大吃一顿知了。这是因为 12 是 1，2，3，6 的整数倍。以 12 年为周期的知了，只要赶上一次所有天敌大爆发，那么以后每过 12 年，它们的子子孙孙都会赶上所有天敌大爆发，瞬间就完蛋了。

　　如果知了的生命周期是 13 年，它们的数量会每 13 年爆发一次，那就很不一样了：13 是质数，只是 1 和 13 的整数倍，因此只有每年一爆发和每 13 年一爆发的天敌，才可以精确地赶在知了爆发的时候大吃它们。2 年一爆发的天敌，要每隔 $2 \times 13 = 26$ 年才能大吃它们；3 年一爆发的天敌，要每隔 $3 \times 13 = 39$ 年才能大吃它们；6 年一爆发的天敌，则要等整整 78 年……

　　所以，以 13 年为周期的知了，即使有一次不幸赶上了所有天敌大爆发，下一次运气也不会这么差了。这就是知了"喜欢"质数的原因了！

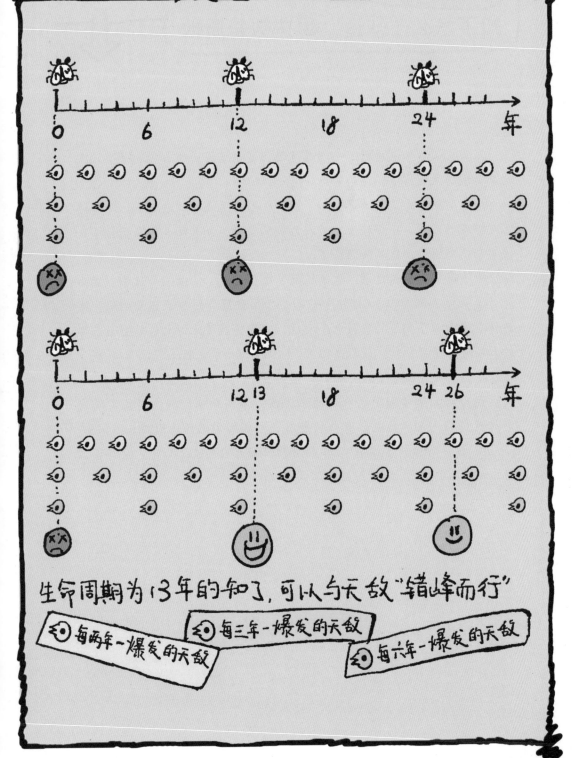

生命周期为13年的知了，可以与天敌"错峰而行"

每两年一爆发的天敌

每三年一爆发的天敌

每六年一爆发的天敌

其实它们不知道质数，一切都是因为达尔文提出的自然选择：只有适应环境的生物得以生存和繁衍。

生命周期不是质数的那些知了变种，因为遭遇的捕猎者多，没有留下足够多的后代。而那些有着质数周期的变种，和天敌"错峰而行"，生存繁衍有优势，就越来越多了。

为了证明自己的观点，古德还做了模拟实验。他编了个程序，里面先是有生命周期为 5~20 年的电子知了，每种周期的知了数量相同。然后他往里面放了知了的各种电子天敌，它们的数量比例大致跟美国东部的知了天敌情况一样。最后，13 年和 17 年的知了完胜。

那么，为什么知了的天敌们没有"学会"知了的质数周期呢？

因为它们除了知了还有别的东西吃，不用学啊！别的猎物又没有这么奇特的周期。但是，有一种专门寄生在知了上的真菌 *Massospora—cicadina* 就"学会"了这个 13 年的周期，因为它们除了知了，没有什么可以吃了。

人为什么也要学习关于质数的知识？

因为如果没有对质数的应用，人的安全也会受影响。当然不是生命安全，而是信息安全。

现在有一种给信息加密的技术——"RSA"，广泛地应用于网上银行、数字签名中。看似混乱复杂的代码和公式里，其实蕴含着一个简单的原理：把两个很大的质数乘起来容易，但是知道乘积以后反过来求那两个质数（分解质因数），就特别困难。RSA 的核心就是把乘法和分解质因数难度的不对称性，转化成加密和解密难度的不对称性：让加密很简单，而解密很困难。这样，信息盗贼即使偷到了机密文件，也难以把它解码，也就无法知道文件中的秘密了。

下页图中我们出了两道题，一道是质数的乘法，一道是分解质因数。

请你不用计算器，边计时边解答。解决哪道题花的时间更长？（如果你还不会解答，可以请求老师、同学、家长的帮助。）

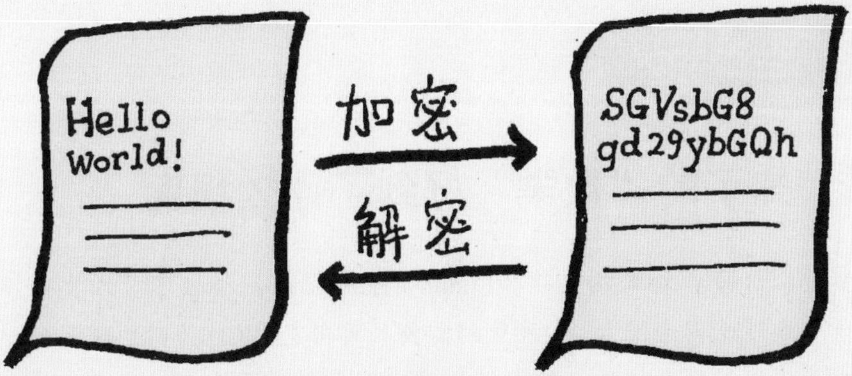

Hello world! 加密 → SGVsbG8 gd29ybGQh 解密 ←

不用计算器，边计时边解决以下问题

23 × 29 = _____

🕐 用时 _____ 秒

🔒 加密难度

1271 = _____ × _____

🕐 用时 _____ 秒

🔓 信息盗贼的解密难度

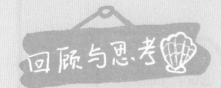

知了的"数学"好到了什么程度

不过，古希腊的欧几里得（Euclid）就开始研究质数了。人类研究数学主要还是因为好奇。如果等到需要了再研究，显然为时已晚了！

我们不能等到急需什么技术了，才发现我们早已没有了为了好奇而去研究事情的人。

哪天我们变成知了了呢？

我们的问题？

《逍遥游》里的"朝菌不知晦朔，蟪蛄不知春秋"到底是什么意思？庄子想用这句话说明什么道理？"朝菌"的意思是生命周期只有一天或几天的植物或者菌类，你觉得它可能是指什么物种？它真的朝生暮死吗？

《逍遥游》的主角是两种想象出来的神话生物：身长几千里的大鱼"鲲"和翅膀能激起三千里浪花的大鸟"鹏"。⊖ 鲲和鹏在现实中的原型可能是哪两种生物？

⊖ 《逍遥游》原文中，鲲可以变成鹏。原文：北冥有鱼，其名为鲲。鲲之大，不知其几千里也。化而为鸟，其名为鹏。鹏之背，不知其几千里也；怒而飞，其翼若垂天之云。是鸟也，海运则将徙于南冥。南冥者，天池也。《齐谐》者，志怪者也。《谐》之言曰："鹏之徙于南冥也，水击三千里，抟扶摇而上者九万里，去以六月息者也。"

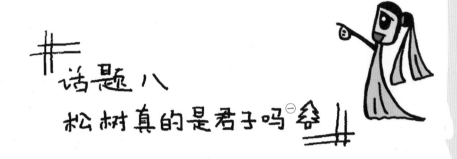

话题八
松树真的是君子吗[⊖]

进入这个话题之前，我们先读一首唐诗。

小松

唐·杜荀鹤

自小刺头深草里，而今渐觉出蓬蒿。

时人不识凌云木，直待凌云始道高。

诗里说，当时的人不知道这是一棵参天大树，直到它长
成大树了才说它高。这体现了小松树志向高远，不顾他人嘲
笑，顽强拼搏的精神。

但是，你可能会怀疑，植物真的有这些精神吗？都是植
物，凭什么有的被诗人表扬，有的被批评？其实这叫"移情"，
就是诗人把自己的心情搬到其他东西上了，而不是植物真的
有这些精神。

最近有科学家认为，松树不仅不高尚，而且可能是植物
界的"大反派""恐怖分子"！

⊖ 注意：本文内容与火有关。火十分危险，千万不要玩火！

君子的生物学修养

　　在我国传统文化里，松树一直是品格高尚的君子，松、竹、梅并称"岁寒三友"。除了杜荀鹤的《小松》，还有许许多多的诗人赞美过松树，比如东汉著名文学家刘桢的《赠从弟》：

<blockquote>

亭亭山上松，瑟瑟谷中风。

风声一何盛，松枝一何劲。

冰霜正惨凄，终岁常端正。

岂不罹凝寒，松柏有本性。

</blockquote>

　　在几乎所有描写松树的作品里，松树都有坚韧不拔的精神和刚强正直的品格，不管是杜荀鹤的小松树，还是刘桢的中年松树。

　　这君子的名声不是白白得来的——松树确实有傲雪凌霜、四季常青的本领。你可能已经知道，叶子有巴掌那么大的梧桐，到了干燥的秋冬季节必须靠落叶来保存水分。而松树的叶子是针状的，表面积很小，而且每根松针外面都包着一层角质层（我们指甲的成分）和蜡制外膜，这些技巧都减少了水分的蒸发和热量的散失。

　　北方的冬天光照时间短，叶子的光合作用无法合成足够的养料。因此，松树还可以把夏天合成的糖转化成粮食储备——松脂，[⊖]来度过食物匮乏的冬天。

　　⊖ 我们的身体也可以把糖转化成脂肪来储备能量。

松果爆米花

既然松树确实像个君子，为什么还说它是植物界的"大反派"呢？是这样的。

有个生态学家叫马奇（Robert Mutch），他就像好奇的松鼠一样喜欢收集松果。1970年，他发现有的松果有个让人匪夷所思的行为：它们成熟的松果被松脂严实地密封起来，无法裂开放出里面的松子。想要让它们裂开，唯一的办法就是用火烤。烈火中的松果像爆米花一样噼里啪啦地炸开，松子这才能够钻进泥土，生根发芽。

一些松果需要火才能开裂[⊖]——这在自然界怎么可能形成呢？

对于松树来说，自然界的火当然就是雷击或者高温导致的森林大火。我国的大兴安岭，每隔几年就会有这样的森林火灾。马奇觉得，可能火灾后的大地十分肥沃，燃烧过的草木都是天然的肥料，而竞争物种又都被烧死了，所以有的松树学会了等到大火以后再播种。这样，小松树更容易健康地生长。

这就是"松果爆米花"产生的原因。马奇又想，既然这些松树需要火灾来繁衍后代，它们会不会故意制造火灾呢？

⊖ 本章中的现象都是松科松属（*Pinus*）某些种的习性，而不是所有松树的性质。具有遇火开裂的种，例如美国加州的 *Pinus attenuata*。

松果爆米花

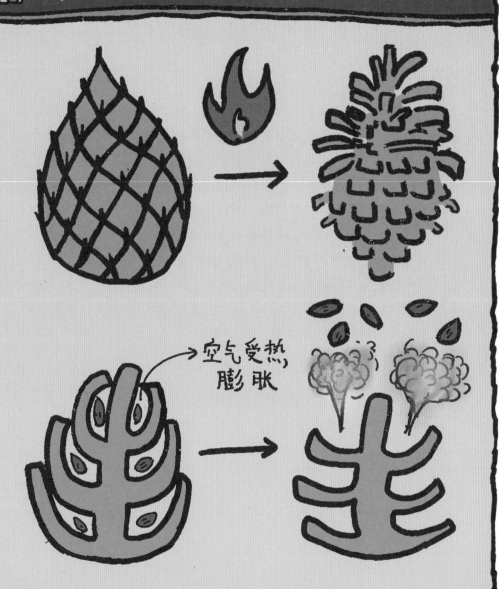

空气受热膨胀

别说，他还真发现了松树的一些特征，好像就是用来故意引发火灾的。

你可能知道，过去人们为了生火做饭，常常需要上山砍柴，而松树的枯枝是非常棒的柴火。很多树都会主动脱落枯死的枝干，让它们在泥土里降解掉成为养料。这样树就不会在枯枝身上浪费水和养分。但是有的松树却把枯枝留在树干上。**著名的黄山迎客松，就是一棵保留枯枝的松树。**这些枯枝因为含水量很低，一点就着……

这些保留枯枝的松树还有另外一个特点，就是叶子长得很稀疏。火烧起来的时候，叶子稀疏的树会让火灾更严重。

马奇觉得，这些可能都是松树"故意放火"的证据。

当然，松树本身没有思想。马奇的"故意放火"指的是，保留枯枝、叶子稀疏这些特点，对松树来说最重要的作用是引发火灾，创造有利于播种的环境，消灭竞争物种。

野火烧不尽，春风吹又生

　　树会故意引发火灾？这不是引火烧身吗？很多科学家怀疑马奇的观点。但是马奇坚持认为，为了消灭竞争对手，为下一代争取生存空间，松树可能确实会狠心这么做。

　　因为松树本身有极强的灾后再生能力。它们除了遇火才裂开的"松果爆米花"，还有一项技能：即使整棵树都烧焦了，还可以在树桩处重新发芽。另外，它们还有厚厚的树皮作为"防火墙"，使得它们不至于被小火灾烧死。

　　2001 年，另外两个生态学家施维克（Dylan Schwilk）和阿克里（David Ackerly）发现，再生能力越强的松树，引发火灾的能力也越强。比如说，有越多"松果爆米花"的松树物种，也就越擅长保留枯枝。

　　不过，施维克不同意马奇提出的"松树是大反派，故意放火"这个观点。施维克认为那些松树保留枯枝有其他的原因，只是保留枯枝无意中增大了火灾发生的可能性。火灾的频率增大了以后，松树才不得不进化出那些灾后再生的技能。

不是所有的火都必须被扑灭

从马奇开始，越来越多的生态学家意识到，在自然火灾频发的地区，生物的行为和火有着密切而复杂的联系，并不是"火烧光一切"这么简单。

比如胡德（Sharon Hood）的研究小组就发现，在二百多年前，频繁的小火灾可以促使一些松树物种分泌更多的树脂，增强对害虫的抵抗力。20世纪以后，大多数森林火灾都被及时扑灭，松树反而更容易遭到虫害了。

50年前，人们都认为火灾一定是坏东西，越少越好。但是最近的这些研究似乎说明，自然原因导致的大火也是生物界不可或缺的一部分。很多生物已经进化出适应火灾，甚至利用火灾的能力。

一门新学科"火焰生态学"出现了：它研究的就是自然界生物和火的关系。

200年前

200年后

115

松树真的是君子吗

人类文明也是从利用火开始的。希腊神话里说，为人类"偷"来火种的普罗米修斯是个大英雄。但是学会"玩火"的物种并不仅仅是人类，看似静止的松树，也在悄悄利用火来繁衍生息。

在原始人学会钻木取火之前，必须利用天然的森林大火，然后小心翼翼地保留火种。从这个角度看，松树就是我们的普罗米修斯。

松树是君子，是大反派，还是大英雄？你怎么看呢？

我们的问题

还有哪些植物经常出现在我国的古诗里？它们在诗中都有哪些精神或者寓意？它们为什么被赋予这些寓意？

以马奇为代表的生态学家认为，一些松树进化出保留枯枝的能力，主要的作用是引发火灾、消灭竞争对手。另一些生态学家则说，保留枯枝可能有其他的作用。你同意谁的观点？试着设计一个实验，研究枯枝是否还有其他的作用。

（注意：千万不要在没有专业人士陪同的情况下做实验，千万不要玩火！）

话题九
这种真菌"成为了"城市"设计大师"

　　在北京，三百多个地铁站被二十几条地铁线路⊖错综复杂地连接着，每天有上千万人次通过北京地铁出行。

　　而摊开一张详细的中国地图，你会发现那里有黑白相间的铁路符号——铁路也连成错综复杂的网，蜿蜒在祖国大地上，形成了这片土地的最重要的运输血脉。

　　地铁是改变一座城市的大工程，而铁路可以改变一个国家、一片大陆。每一次新的地铁和铁路建设，都给设计师和工程师们出了巨大的难题。

　　如果有一种生物，能帮助人们规划地铁和铁路，岂不妙哉？

　　——————
　　⊖ 成稿时的统计。

如果你生活在大城市，一定见过下页图中画的这种五彩斑斓的地铁路线图——北京地铁简直要把所有的颜色都用完了！

但是地铁的设计师们要考虑的，远远不止用什么颜色。

线路应该怎么画？多少条轨道从南向北，多少条轨道从东向西，多少做成环形？应该设置哪些站点？不同线路间的中转站放在哪儿？每条线路又应该安排多少列车？

要考虑的问题太多了！而且这些事情，设计师不能拍拍脑袋自己说了算。

他们要对城市的人群进行大调研（大家都住在什么地方？上班去哪儿？哪里游客最多？），规划出的路线图既要最大限度满足几百万、几千万人的出行需要，又不能铺张浪费，用的钱和资源要越少越好。（坐地铁比坐飞机还贵就不好了！）

是不是比数学题复杂多了？

好在铁路建设已经有了一百多年的历史，城市设计师们有不少成熟的数学方法帮他们解决这些问题。而且，他们还可以用神通广大的软件帮他们建立城市模型。不知道一个方案好不好的时候，可以先用计算机模拟一个。

问题是，这些数学方法和计算机软件也是人们绞尽脑汁弄出来的，不是什么绝杀武器。它们会因为人不够聪明或者粗心大意而犯错的！

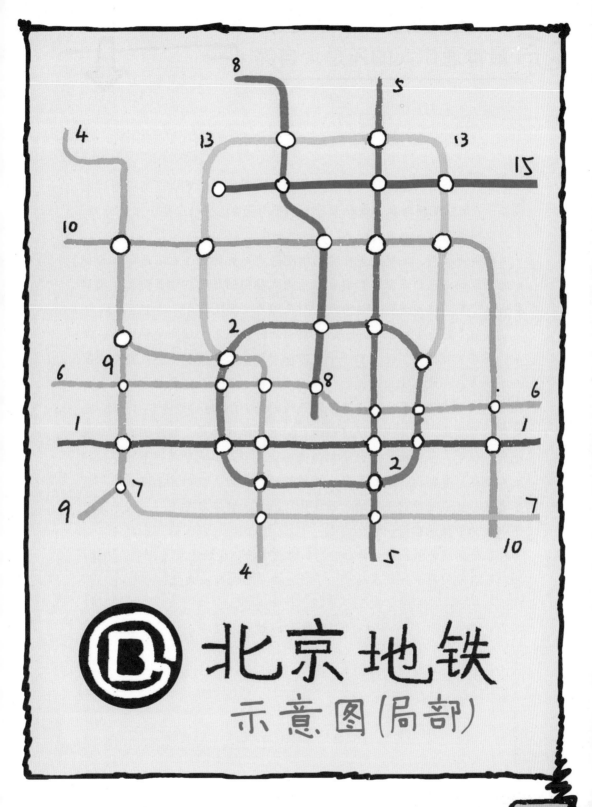

这时候，有人发现，一种没有脑子的小生物竟是解决这类问题的民间高手。聪明绝顶的数学家和设计师，可能最后还得拜这些小东西为师。

它叫**黏菌**（slime mold）。

黏菌是真菌，也就是说，它的细胞是有细胞核的。它不是单一的一个物种，而是包含了很多形态和生活方式相似的物种。它最初在生物学界出名，倒不是因为会规划路线，而是因为"画风清奇"的生活方式。

黏菌平时是单细胞生物，像变形虫一样在泥土里独立觅食生活。但是，一旦食物缺乏，泥土里千千万万的黏菌就像约好了一样，聚集到同一个地方，形成鼻涕虫一样的一大团。这时，之前自顾自玩耍的细胞，就好像突然无师自通地学会了合作一样，它们完美地协调着各自的运动，使得"鼻涕虫"整体可以快速移动，觅食效率远远高于细胞们自己单独觅食。位于"鼻涕虫"表面的黏菌细胞，还会无私地分泌一个外壳保护大家。这"鼻涕虫"到处觅食，感觉吃饱了以后，就趴在土壤表面一动不动了，变成了蘑菇一样的"子实体"，里面装满了孢子——孢子正是下一代的单细胞黏菌。

黏菌到底是单细胞生物，还是多细胞生物？生物学家为此争论不休。

最后他们表示：争不动了，干脆把黏菌单独列出来吧……

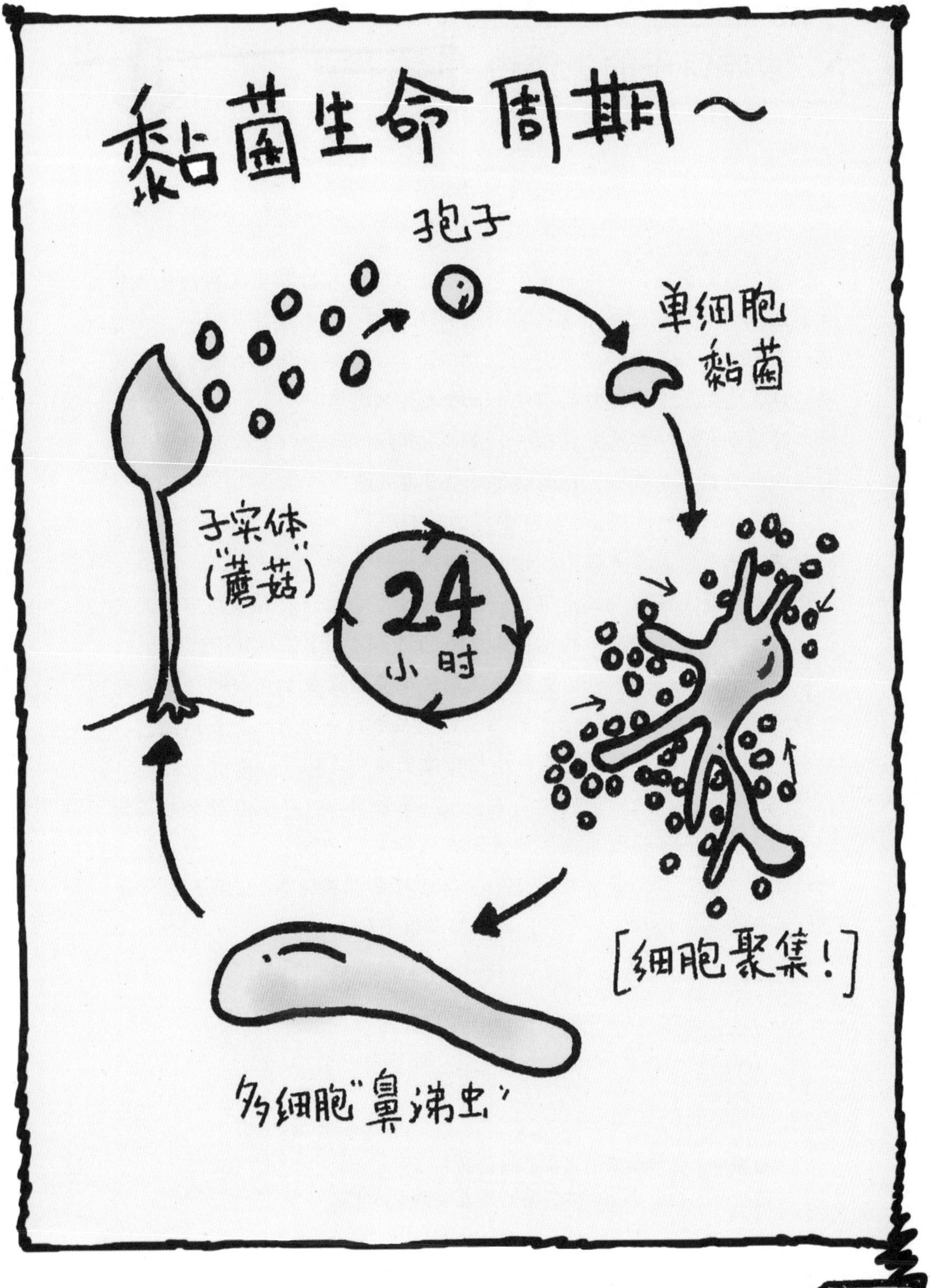

黏菌生命周期～

孢子

单细胞
黏菌

子实体
("蘑菇")

24
小时

[细胞聚集!]

多细胞"鼻涕虫"

这"鼻涕虫"比一般的虫子厉害多了。它由各自独立又密切合作的细胞组成，所以就像一个自己捏自己的橡皮泥，想变成什么形状，就变成什么形状。如果食物是一大团，它们就也凑成一大团；如果食物分散在各地，它们就变出相应的形状，把食物一网打尽。

黏菌和我们一样喜欢吃饼干。如果在培养皿^一里摆两块饼干渣，黏菌很快就变成一条直线，把两块饼干渣连接起来。

如果摆三块饼干渣，^二黏菌会怎么办呢？

"当然是形成三角形！"你可能会说。

可是黏菌没有形成三角形。它经过一番变形以后，在三角形中间的一点搞了个中转站，从中转站伸出三条胳膊，抓住了三块饼干渣。

这"中间的一点"可不是随便点的，它是数学家们所说的三角形的"费马点"，它是整个平面上，到三角形的三个顶点距离之和最近的点。黏菌总是把中转站准确地定在三块饼干渣的费马点！

我们人类想找三角形的费马点，就得拿出笔和尺子，在原来的三角形外面再画三个等边三角形，然后把顶点连来连去找交点，是个挺复杂的过程……可是黏菌没有笔和尺子，甚至根本看不到整个三角形，它是怎么找到费马点的？

一 培养皿是生物学家们用来养细菌的容器。

二 要保证它们大小差不多，而且不在一条直线上。

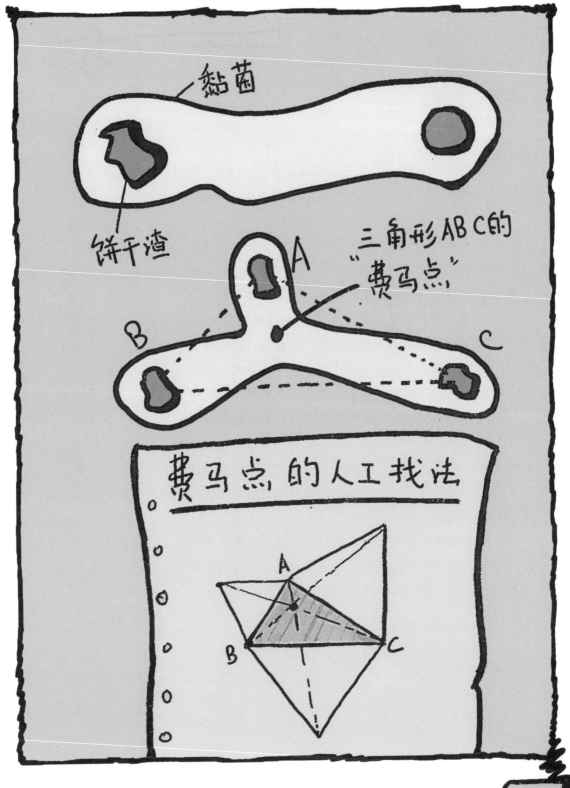

黏菌

饼干渣

三角形ABC的
"费马点"

A

B

C

费马点的人工找法

A

B C

培养皿里的铁路

发现这一切的科学家们是日本的 Tero 小组。他们惊讶于黏菌竟有如此之天赋，赶紧给它出了一道刁钻的世界级难题："黏菌黏菌，快来给我们设计一下东京周边铁路路线吧！"

东京铁路是世界上最复杂的轨道交通之一，也被认为是规划最好的城市地铁之一，是几千名设计师和工程师智慧的结晶。黏菌竟要和这些大佬们单挑，能行吗？

Tero 小组把几块饼干渣在培养皿里摆好，它们相当于东京周边最重要的地点。（如果换成北京地铁，就相当于是天安门一块饼干渣，王府井一块饼干渣，西单一块饼干渣，等等）如果一个地方人多，预期的客流量大，它们就放块更大的饼干，人少的地方就放块小饼干。在培养皿里面做了一个"微缩的东京"以后，它们把黏菌放了进去……

黏菌一开始像摊大饼一样，贪婪地向四面八方伸出去抢吃的。但是渐渐地，大饼开始汇聚成油条——一条条路线变得清晰起来，连成复杂的网络，连接着那些饼干渣。形状慢慢地固定下来，这就是黏菌给出的铁路规划方案了！

对生活在东京周边的人来说，这是他们最熟悉的图案，黏菌的方案和真正的东京地铁几乎看不出区别！不仅如此，黏菌还能预测每条线路的客流量——那些比较粗的线路，客流量会比较大……

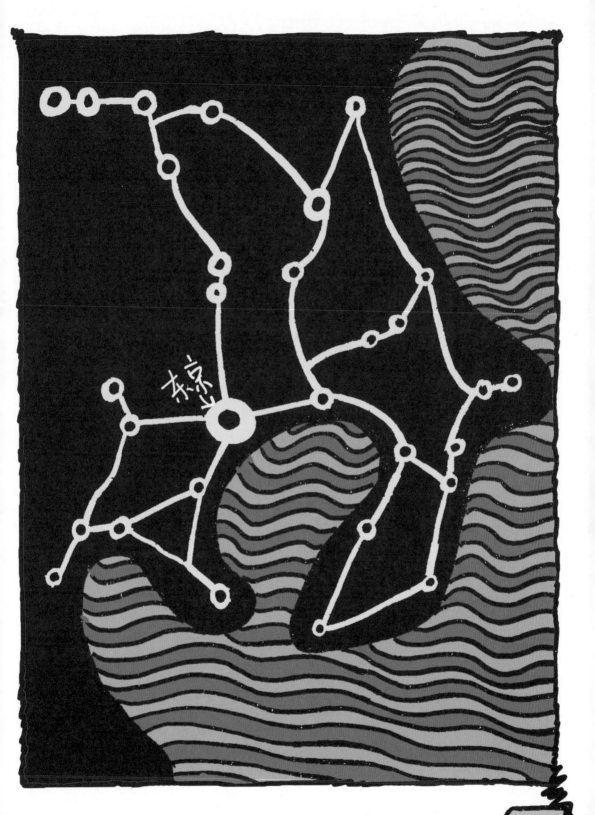

向黏菌大师学习

一堆只有几克重的黏菌，没有大脑没有视觉，仅仅凭着自己的本能，就和聪明绝顶的专业城市规划师打成平手。这让人怎么服气？人们迫不及待地想知道它们是怎么做到的。

基本的原理似乎很容易想到——黏菌采用了不断尝试的方法，从一开始摊大饼式的粗暴发展，到逐渐优化集约，废除费时费力的路线，加强省时省力的重要路线。

也许每个黏菌细胞都在和它周围的同伴比较，如果同伴可以比自己能跑得更少、吃得更多，它就放弃自己的路线，加入同伴的路线。

而且，细胞之间可能还会分享食物，加强了团队的"凝聚力"。这样，细胞们才不会自顾自找吃的，而是让整个"鼻涕虫"形成觅食效率超高的网络。

大致的原理肯定是这样，可是还有很多细节科学家还弄不清楚。细胞之间是怎么做比较的？一个细胞会分享多少食物给其他细胞？细胞是只在几个站之间跑动，还是会跑遍整个网络？它们怎么判断一条路线是好路线还是坏路线呢？最终得到的路线图，真的是最佳答案，还是仅仅是众多好答案之一？

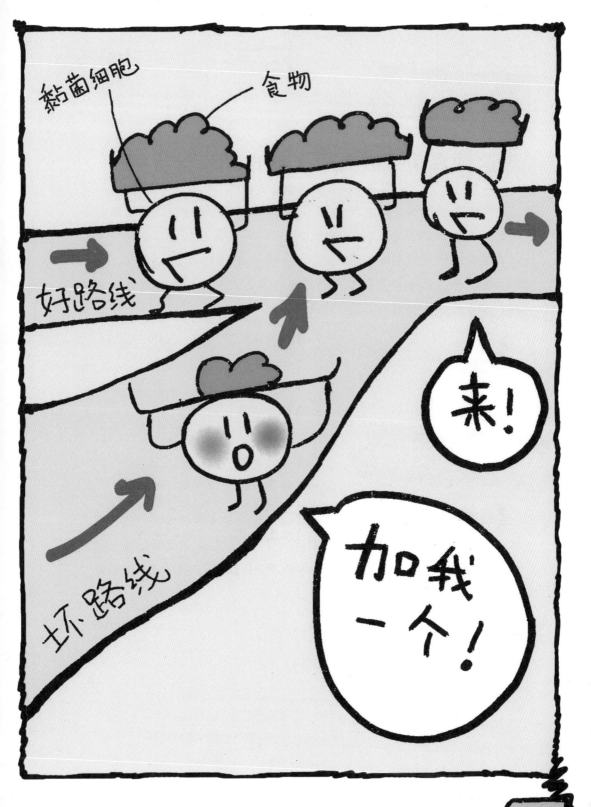

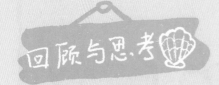
这种真菌"成为"了城市"设计大师"

在这个话题里,你看到黏菌"走"在了交通运输科技的前沿。如果我们人类好好"拜"黏菌为师,把它们的行为研究透了,也许真的能开发出更棒的模拟城市的软件,建一个不再挤的北京地铁!

地铁和其他公共交通工具怎么才能不再挤?马路上怎么才能不堵车?你有什么高招吗?

我们的问题

除了站点位置和客流量,地铁建设工程还要考虑很多其他的因素。比如,地铁可能需要绕开河流、湖泊、自然保护区或者文物古迹。能不能把这些因素也引入培养皿里的微缩城市,让黏菌也"考虑"到它们呢?

(提示:有的黏菌怕光。)

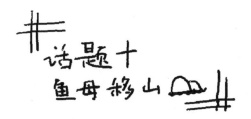

话题十
鱼母移山

你一定听过愚公移山的故事。

很久以前，在太行和王屋两座大山的背面，住着愚公老汉一家。愚公觉得山挡路交通不方便，就带头和全家以及村民一起挖山填海。有个聪明的老头嘲笑他说："这怎么可能搬得完呢？"愚公说："我虽然搬不完，但我还有无穷无尽的子子孙孙帮我搬呀！"最后他的诚意感动了天帝，天帝就派神仙把山挪走了……

这个故事说明了做事情要有坚持不懈、艰苦奋斗的精神，这才是真正的智慧。不过我们今天读这个故事，也要注意里面的迷信成分：根本就没有什么天帝和神仙！

"愚公移山"只是古人改造自然的美好愿望。但是还真有一种生物，确实在"子子孙孙"地移山。

谁在雕刻地球

《愚公移山》的最后写道："从此以后，河北以南，汉地以北，就没有阻隔了。"⊖

可见讲这个故事的古代劳动人民，其实想解释他们看到的地形地貌，解释为什么河北以南、汉水以北没有山阻隔。这说明他们已经产生了对大自然的好奇：地形是怎么来的？是什么让山川和河流出现在特定的地方？它们为什么长成了今天的这个样子？地形会改变吗？

从故事最后：天帝派人把山背走这一点来看，古代劳动人民还是认为地形是一成不变的。这也难怪他们：地形在人的一生的几十年里，确实很难有很大的变化。

但是如果他们可以盯着一块地看几百万年，就会发现，地壳的运动让岩石板块在岩浆上漂来漂去，形成峡谷和山脉。同时，河流的侵蚀、沙石的沉积也可以形成独特的地貌：我国的"长三角"地区（江苏、上海、浙江）就是长江的"冲积扇"。另外，偶然发生的地震和火山喷发也会瞬间改变地形，比如五大连池地带的火山岩浆，凝固以后就形成了石海。

那么生物能不能产生雕刻地球、改造地形的力量呢？

⊖ 原文：冀之南，汉之阴，无陇断焉。译文：冀（地名：也可译为河北）的南边，汉地（也是地名）的北边，这两块地方之间没有阻隔的山川或河流了。

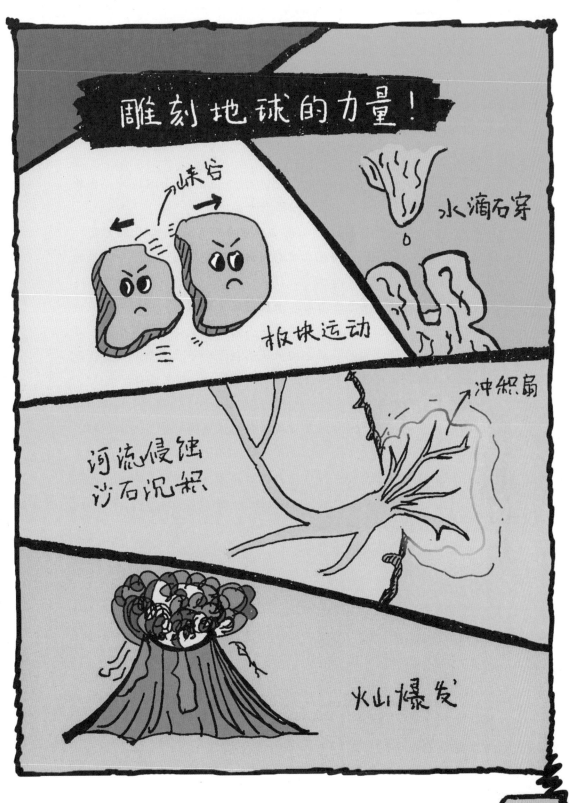

鲑鱼的石头房子

华盛顿州立大学的弗里梅尔（Alexander Fremier）小组认为，生物的力量虽然看上去渺小，但确实可以搬动大山。

不过，这次移山的不是愚公，而是要产卵的鲑鱼妈妈（俗称三文鱼）。她们为了保护自己的卵，会用尾巴拨动河床上的小石头，搭一个简单的"**鱼巢**"。

鲑鱼没来的时候，这些石头基本上在河床上平铺着，中间的空隙由更小的沙粒填充。而经过鲑鱼的一番折腾，河床就变得凹凸不平了。石头被堆到了一边，缝隙间的沙粒也被鱼尾巴扫干净了。这个石头堆就是**鱼巢**。鲑鱼产的卵就可以填到石头空出来的缝隙里，被石头保护起来。

一个鱼巢的面积可达 $2.8m^2$，一条鲑鱼可以盖 5~7 个鱼巢。每年 3~4 月份，回到同一条河流里产卵的几百条鲑鱼搞出来的"建筑工地"相当壮观。

这些卵受精了以后，鲑鱼母亲还会在上游再用尾巴扰动河床，使得上游的沙子可以被冲下来盖住鱼巢，起到进一步保护卵的作用。

知道这些以后，弗里梅尔和他的伙伴们提出了个好问题：鲑鱼的筑巢行为能不能让地形发生壮观的变化？

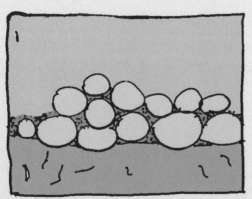

鲑鱼来之前

鲑鱼用尾巴
搬运石头

鱼巢完工！

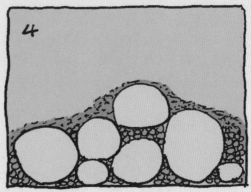

产卵后的鱼巢

"鱼母移山？我看行！"

弗里梅尔小组用奇妙的"流体力学"理论推测了一下，认为这还相当有可能。

首先，比起平坦的河床，凹凸不平的河床会增大河流对河床的侵蚀，造成更严重的水土流失。这就像粗糙的平面比光滑的平面更容易磨损。鲑鱼盖了那么多房子，肯定会对河流侵蚀速度有影响。

第二，鲑鱼母亲用尾巴扰动河床，这就让沙子的流动变得更自由了。这也是鲑鱼母亲的初衷，它们就是想让上游的沙子自由流动，盖住自己的巢，保护自己的卵。自由流动的沙子同样可能加快河流侵蚀和水土流失。

不过，鲑鱼对地形的影响到底有多大，还是得靠实验说话。

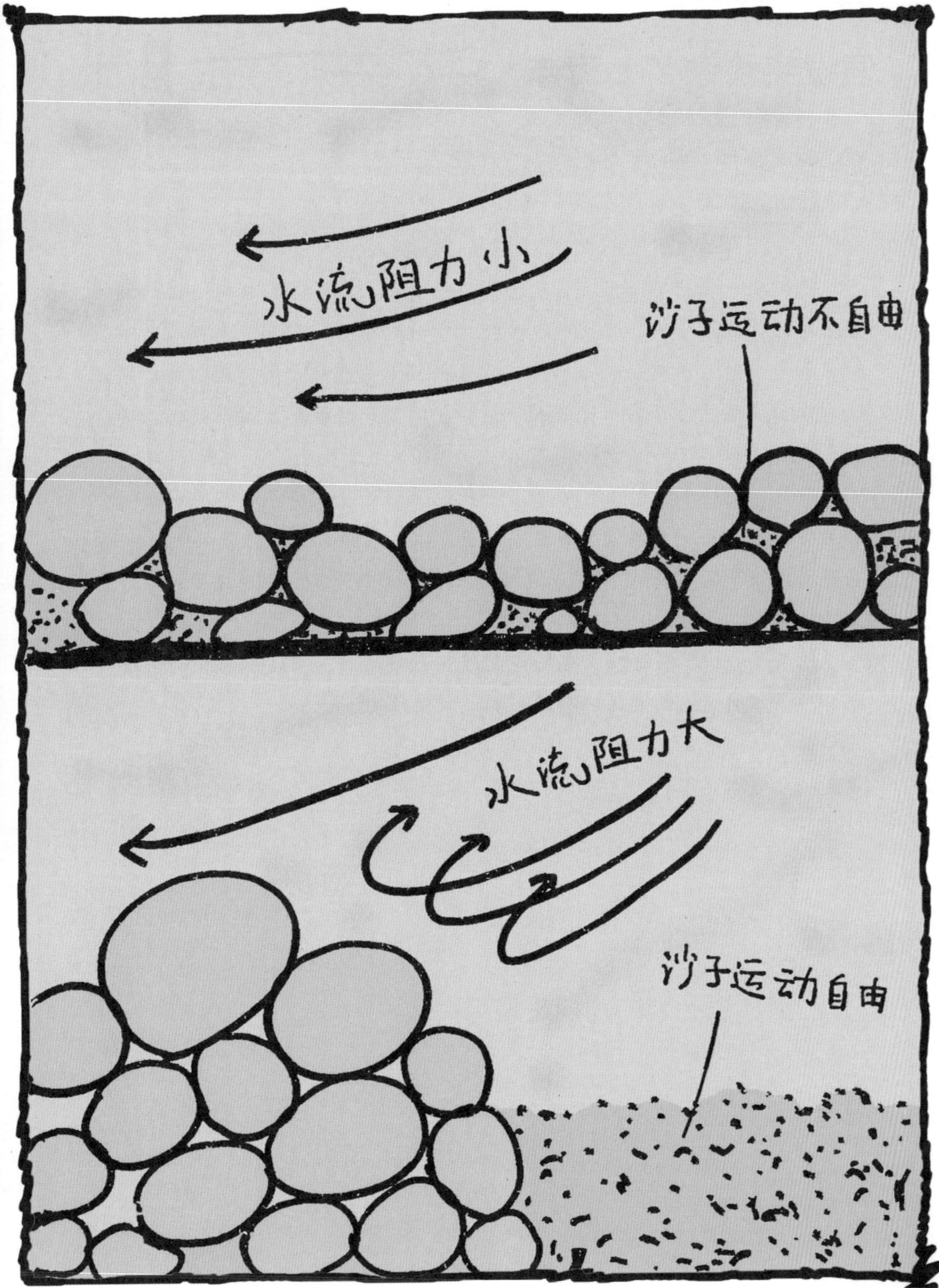

水流阻力小

沙子运动不自由

水流阻力大

沙子运动自由

假设实验做了1万年

　　他们就真的到小溪里去实地考察了一番，采集了各种数据。比如河床石块的实际大小啊，水流的速度啊，各种鲑鱼的体型啊，鲑鱼母亲可以搬动多重的石块啊……当然，有的数据不容易直接采集，他们就必须去查以前的生物学家的研究成果。最后，他们一共收集了四个鲑鱼物种的信息。

　　当然，实验不能做上几万年。于是他们用计算机建了一个像游戏一样的界面，把收集到的数据输进去，让里面的"电子鲑鱼"每年跑到一条从山上流下的、长达100km的河里产卵。这个计算机程序模拟了1万年中这座山的变化。

　　结果是，1万年以后，有鲑鱼来河里产卵的山，比没有鲑鱼的山矮了30%。不同种类的鱼对地形的影响也不同。

　　如果时间不是1万年而是100万年，可以想象，会有整座整座的大山，算是被鲑鱼搬走了！

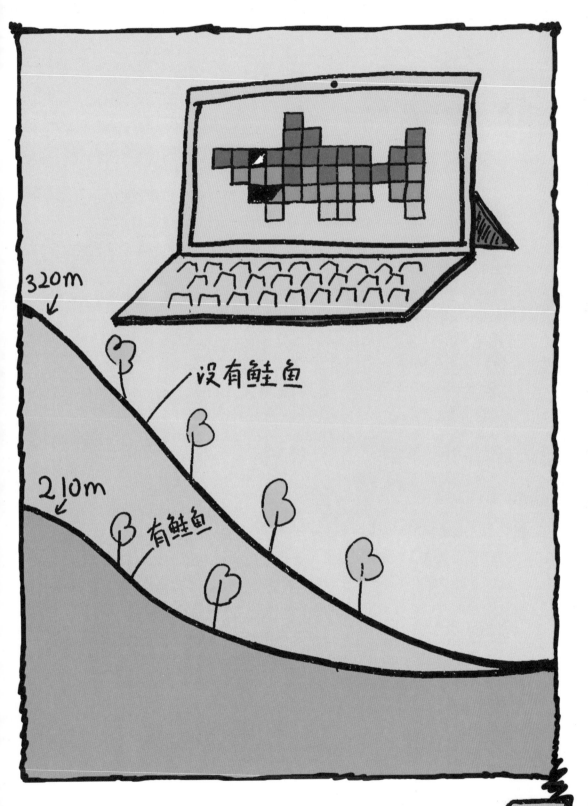

320m

没有鲑鱼

210m

有鲑鱼

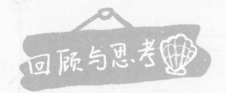
鱼母移山

《愚公移山》的故事虽然是人编的，但是鲑鱼可能真的实现了它，而且实现的方式和《愚公移山》里说的一模一样：子子孙孙无穷尽也。

正是一代又一代的鲑鱼母亲，通过几万年的积累，无意中用尾巴移走了大山。

看似食物链底层的鲑鱼，给足够长的时间，都可能无意中对地形产生如此大的影响。我们人类作为拥有巨大的改造自然的能力的物种，在开动一个又一个大工程的时候，是不是更应该谨慎一点呢？

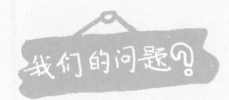

我们的问题？

鲑鱼还有一个神奇的行为，叫"洄游"。它们在淡水中出生，然后因为体质的变化，会变成咸水鱼，去大海中生活几年。但是它们的卵是不能在咸水中孵化的，所以它们会逆流而上，回到自己出生的河里产卵。

鲑鱼洄游的过程中可能会遇到哪些困难？你觉得它们是怎么找到自己出生的河流的？

弗里梅尔小组没有真的做几万年实验，而是在计算机上建了个模型，用"电子鲑鱼"模拟了几万年间地形的变化。你觉得这样得出来的结论可靠吗？为什么？

第三章

走出伊甸园

——进化论的真相

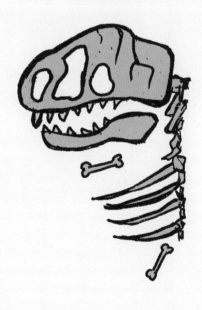

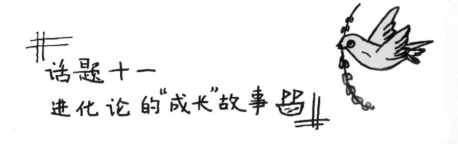

话题十一
进化论的"成长"故事

这一章的主题是进化论，是英国自然学者达尔文（Charles Darwin）提出的。进化论是最重要的生命科学理论，但是一点也不复杂，甚至非常简单。

达尔文说，所有的生物和它们的祖先相比，都会发生一定的变异，这些变异可以遗传给下一代，一代一代微小的变化的积累，就可以让一种生物变成另一种生物，地球上的物种都是这么进化而来的，而不是神创造出来的。达尔文还说，生物之所以适应它们的环境，是因为自然选择——各种变异之间相互竞争，最后一定是适应环境的变种取得胜利，可以活下来，继续繁衍后代。

达尔文不仅是今天生物学家的偶像，在他生活的19世纪也是超级"网红"，《物种起源》是无敌畅销书。

但进化论不是达尔文一个人的功劳。在这个话题中，我们来聊聊进化论的故事。

宗教思想是科学之母吗

　　我们知道，提出地球绕着太阳转的日心说的布鲁诺被罗马教廷活活烧死，支持日心说的哥白尼也被抓进监狱，临死前才敢出版自己的书……

　　其实，很久很久以前，宗教和科学并不总是针锋相对，有时候甚至难舍难分。比如发现了万有引力的物理学大师牛顿（Isaac Newton），居然花了大半生研究神学。我们前面那个提出元素概念的波义耳和牛顿是同时代人，他也专门写了本书说："我研究大自然，因为大自然是上帝的作品，但是现在有些无知的人居然说大自然就是上帝。我崇拜的只是上帝，不是大自然！上帝要是愿意，可以随便修改大自然的规律！"

　　你可能会很惊讶——他们要是把所有的精力都用来研究科学，那该多好！

　　但这还真不能怪他们。三百多年前的欧洲，人人都信上帝，大家甚至都不知道还有"不信"这个选择。那时候"不信神的家伙"是骂人的脏话，和"卑鄙无耻的小人"差不多是一个意思！

　　所以，早期⊖的科学家确实把大自然当成了上帝的作品，他们全都是虔诚的信徒。即使我们的科学斗士布鲁诺，也不是因为不信神被烧死的，而是因为信的具体内容和罗马教廷不一样。我们甚至可以说，在18世纪以前的欧洲，宗教是科学之母。正是对上帝的虔诚，使得人们在钻研宗教经典的同时，愿意花时间细心地观察自然。

　　⊖ 指18世纪以前。那时候"研究科学"并不是正规的职业，而更像是"富贵闲人"们的业余活动。

诺亚方舟的故事

但是，随着人们对自然的观察越来越仔细，最终一定会开始怀疑宗教里的经典故事。

《圣经·创世纪》里诺亚方舟的故事和我们的生命科学有关。传说上帝为了惩罚人类对他的不忠，决定用大洪水扫荡世界。诺亚（Noah）一家是仅存的虔诚的人类。于是上帝让诺亚造一艘大船，洪水来临时，每种动物只有一公一母两只可以上船幸免于难，而人类中只有诺亚一家可以上船。船造好后，铺天盖地的大洪水淹死了船外所有的生命。过了整整40天，诺亚放出了一只鸽子，鸽子回来的时候衔来了一根橄榄枝，告诉大家："上帝终于息怒了！"

你可能会奇怪，海洋里的鱼类和贝类淹不死，怎么办？有的动物不分公母，怎么办？这40天船上的动物都吃什么？猫会不会把老鼠吃了？世界上到底有多少种生物？船能装下吗？

如果你想到了这些问题，那么恭喜你，你和三、四百年前最聪明的人想到一块儿去了！当时有些人虽然是虔诚的信徒，但是他们觉得还是应该和《圣经》较真，探个究竟。

比如，为了搞清楚到底有多少种生物，瑞典的学者林耐（Carl Linnaeus）创立了物种的七级分类和双名系统。⊖ 他用这种方法编写动植物大全，一共认出了4400种动物和7700种植物……林耐说："诺亚方舟根本装不下这么多东西，所以诺亚方舟的故事可能只是一个寓言故事，不能每个字都信。"

⊖ 林耐的命名法沿用至今，这就是我们在动物园、植物园看到的"学名"。现代人的学名是 *Homo Sapiens*。

人们对《圣经》的质疑没有停留在诺亚方舟的故事。科学家们越是了解自然，宗教经典就显得越奇怪。

　　到了 19 世纪，人们已经找到了很多古生物的化石，恐龙、三叶虫、身体长达两米的大蜻蜓……它们是当时博物馆里最受欢迎的宝贝。

　　这些古生物现在已经找不到了。可是，如果上帝创造的东西是完美的，物种怎么可能灭绝呢？

　　不仅如此，研究古化石的学者还发现，相似的物种在历史上出现的时间相近。比如哺乳动物的化石总是出现在最新形成的岩石里：古老的侏罗纪的岩石里只可能找到恐龙，不可能找到兔子。可是，如果按《圣经》里说的，所有的动物是上帝一起创造出来的，凭什么侏罗纪时期不能有兔子？

　　而那些跑遍世界探险的学者则发现，物种出现的地点也很难理解。比如澳大利亚这个地方，自然环境特别适合羊生存繁衍——今天的澳大利亚被称为"骑在羊背上的国家"；可是在欧洲人来到澳大利亚之前，那里居然连一只土生土长的羊都没有。再比如南极和北极一样冰天雪地，然而南极就是没有北极熊。如果上帝可以发挥想象力随意创造生物，为什么不早在澳大利亚放几只羊，或者在南极放几只北极熊呢？！

地　　表

新生代

中生代
（包括侏罗纪）

古生代

愤怒的法国人民

科学家开始怀疑自己从小所学的宗教经典不靠谱的同时，社会也发生了大改变：有越来越多的人开始反抗凶狠残暴的教会和君王，有的地方甚至拿起了枪杆子……

1789 年，愤怒的法国人民一举干掉了他们的国王路易十六。这就像我国秦朝末年，陈胜、吴广两位英雄受不了秦王的暴力统治，发动了农民起义，喊出了一句千古名言："王侯将相宁有种乎？"——帝王将相难道有天生的特权吗？

愤怒的法国人民干掉国王以后，没有先急着争谁来当新的国王，而是不停地思考，过去的国家到底是哪里不行？怎么才能让它变得更好？

愤怒的法国人民发现，过去掌握国家军政大权的人往往也是宗教领袖；他们总是假装自己是上帝的使者，强迫人们干这干那。愤怒的法国人民想，一定要把国家权力和宗教彻底地分开："我们信不信上帝是我们自己的事，谁也不可以用上帝的名义惩罚我们！"㊀

这种"政教分离"的思想传遍了欧洲。渐渐地，质疑宗教权威的人虽然还是会被骂，但是再也不用担心要因此被抓起来蹲监狱，甚至遭受酷刑了。

正是在这样的历史背景下，我们的主角达尔文登场了。

㊀ 1789 年的法国大革命并没有彻底成功。这之后，暴君的统治又在法国反反复复地上演了很多次。但是法国大革命为世界带来了现代共和国体制和自由求知的精神。

达尔文：玩甲虫的修道少年

　　你可能想不到，青年时期的达尔文是个忠诚基督徒。

　　他本来想和父亲一样学医，但是发现自己晕血，所以就梦想当一名牧师[○]。他也确实来到了剑桥大学攻读神学。但是他还有个收集甲虫的爱好，为此他听了很多生物学的课，也了解了当时的生物学家的大疑惑：为什么生物的分类图长得像一棵家庭树？为什么侏罗纪只有恐龙没有兔子？为什么澳大利亚没有土生土长的羊，而其他地方没有土生土长的袋鼠？为什么人会有阑尾这种什么用都没有，而只会发炎的器官？

　　他开始对这些问题感到好奇，他觉得他的神学知识解决不了这些。

　　1831 年，22 岁的达尔文登上了"小猎犬号"考察船环游世界。他亲手收集、制作了很多标本，亲眼见证了学校里的生物老师们说的和书上读到的很多自然现象。不仅如此，他自己也发现了有意思的事情：一片群岛，每个岛都有自己专有的地雀。它们长得很像，但嘴巴的形状都不一样……

　　各种各样的实验事实，让修道少年达尔文渐渐改变了想法。他越来越相信，**物种不是上帝或者哪位大仙创造的，而是由更古老的物种变化而来的！**

———————

　　○ 牧师就是教堂里的讲师。

Charles Darwin

从修道少年到生物大师

物种可以演化的想法，突然让很多谜团迎刃而解。

为什么每个岛的地雀只有嘴巴不同？**可能因为这些地雀有着共同的祖先，只不过不同的岛上食物不同，所以演化出了不同的嘴巴。**为什么生物的分类像家庭树？可能因为所有的生物本来就是一家！为什么侏罗纪没有兔子？因为变化要慢慢来，恐龙称霸地球的年代，还没有哪个动物像兔子啊！

达尔文把他的想法通通记到了小本本上，整理、修改了20多年。终于，1859年，小本本的精华变成了《物种起源》横空出世。它讲了这么几件事：

●人工选择：家养的动物可以通过人工繁育，变得和原来很不一样。一群普通的鸽子，每代只留下最白的几只，最后就能得到纯白的鸽子。

●自然选择：大自然和人一样，可以对生物进行选择。自然界的生物每时每刻都在为食物、领地、配偶而竞争，只有最适应环境的可以继续生存和繁衍。

●物种多样性：不同的环境下演化出了不同的生物，生物适应环境，又能反过来影响环境。

●共同祖先：所有的生物都是一家，很久以前都有共同的祖先。

书里还有很多很多支持进化论的证据，包括化石，包括地雀，包括我们专门用来发炎的阑尾……很多学者还没读完就被说服了，还有的将信将疑，但也慢慢被说服了。普通群众觉得这书太精彩了，也忍不住买买买。

《物种起源》成为那个年代最畅销的新书，没有之一。达尔文也从一个修道少年，蜕变成了最伟大的生物大师。

四种"达尔文地雀"，猜猜它们都吃什么。

大嘴地雀
Geospiza magnirostris
吃 <u>坚果</u>

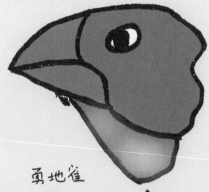

勇地雀
Geospiza fortis
吃 _____

小嘴地雀
Geospiza parvula
吃 _____

加岛绿莺雀
Certhidea olivacea
吃 _____

进化论的成长故事

达尔文也是站在巨人的肩膀上。虽然达尔文是英雄，但是在达尔文之前还有给生物分类的英雄、挖化石的英雄、到处采集标本的英雄、愤怒的法国革命英雄……

达尔文出生在一个宗教势力威胁不大、人人喜欢探索自然的时代——这就是达尔文和布鲁诺最大的不同。而正是那些不如达尔文有名的英雄，创造了这样一个时代。

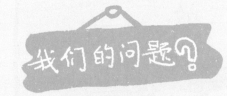

假如你是达尔文，你会怎么回答文中没给出答案的两个问题：为什么澳大利亚没有土生土长的羊，而其他地方没有土生土长的袋鼠？为什么人会有阑尾这种专门用来发炎的器官？

达尔文有个朋友叫华莱士（Alfred Russel Wallace），也独立地提出了进化论。查一查华莱士的故事：他的经历和达尔文的经历有什么相同和不同？华莱士和达尔文有没有因为进化论的"发明权"吵起来？

达尔文还有个朋友叫赖尔（Charles Lyell），是个地质学家。赖尔说：地质变化通常十分缓慢，但是正所谓聚沙成塔、滴水穿石，缓慢的地质变化持续亿万年，就可以形成雄伟壮观的高山深谷。达尔文说赖尔的这个观点对他很有启发。你觉得是什么启发呢？地质变化和生物进化有什么相同之处？

话题十二
美丽的孔雀开屏背后，是激烈的竞争♡

你如果去过动物园，一定能看到很多漂亮的鸟类——天堂鸟、孔雀、鸳鸯……你可能还会幸运地看到了孔雀开屏：孔雀尾巴上像是有很多只眼睛，镶嵌在闪亮的蓝绿色羽毛里，显得无比高贵。

孔雀为什么要开屏？艳丽的羽毛是怎么形成的？

这些问题，把提出进化论的大师达尔文也难倒了：艳丽浮夸的长尾巴看起来很美，却是个笨重的大包袱，又容易招来天敌，显然不利于生存。既然大自然总是选择适应环境的生物，为什么会允许孔雀拥有这样的尾巴呢？

要回答这个问题，有一个现象值得我们关注：并不是所有的孔雀都那么漂亮。在动物园里你还会看到另一些孔雀，它们的颜色就像大麻雀一样，灰不溜秋的，尾巴也很短——这些是雌孔雀，而长得花哨的、开屏的都是雄孔雀。

孔雀开屏和性别有关。这其中的道理叫作"性选择"，是进化论重要的一部分。

下面让我们一起走进美丽背后的进化论。

"选我吧！选我吧！"

　　孔雀为什么开屏这类问题，让达尔文绞尽脑汁想了很多年。最后他给出的解释是：在大自然中，生物不仅要为自己的生存互相竞争，还要为繁衍后代竞争——公孔雀长了那么漂亮的尾巴，是因为母孔雀喜欢！

　　母孔雀的时间和精力非常宝贵。在孔雀的世界，孔雀宝宝完全由妈妈孵化并抚养长大。所以，到了孔雀的求婚季节，孔雀姑娘们作为未来的妈妈，会对谁能成为孩子爸爸百般挑剔——她们希望自己的时间花得值得，希望自己有健康、强壮、聪明的宝宝。

　　所以，孔雀小伙们疯狂地开屏，"炫耀"浮夸的尾巴，实际上是在疯狂地为自己"拉票"！他们就像是在说："选我吧，选我吧！你看我花了大量精力，长了这么漂亮的尾巴，飞行又艰难又招引天敌，但是居然活到了现在——这不正好说明我又健康又机智吗？你如果选了我，我们的宝宝也会又健康又机智的！"

一开始，肯定有孔雀姑娘们"将信将疑"：这笨重的尾巴真能代表健康的后代？但是渐渐地，事实说服了她们，尾巴的艳丽程度确实和后代的生存优势有关系。比如生物学家佩特里（Marion Petrie）就发现，雄孔雀的尾巴越漂亮，他的孩子就越少得传染病，存活率也越高。

既然喜欢漂亮尾巴的雌孔雀生的宝宝确实更健康更机智，孔雀的世界就渐渐形成了喜欢漂亮尾巴的"风气"。这样一来，雄孔雀们也变得越来越漂亮，因为只有漂亮的雄孔雀能获得大多数雌孔雀的芳心，留下更多的后代。

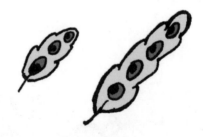

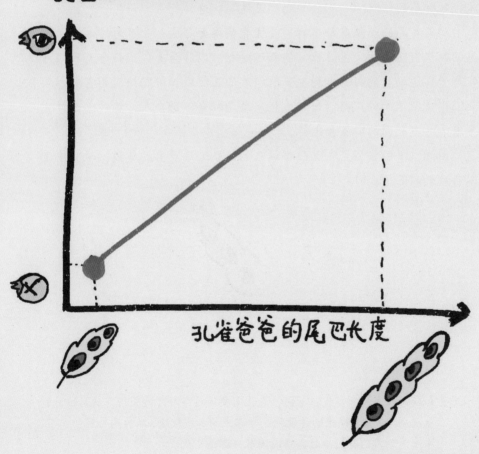

漂亮尾巴 = 健康宝宝

孔雀宝宝的健康程度

孔雀爸爸的尾巴长度

人和孔雀很不一样

那么人类呢？

人和孔雀很不一样。对包括孔雀在内的大多数野生生物来说，最重要的事就是生存和繁衍，美丽的尾巴背后不是对美的欣赏，而是残酷的竞争。而人类的农业、工业文明使我们脱离了野外艰难的生存环境，生存和繁衍不再是唯一的奋斗目标，所以人类可以拥有"艺术"，也就是纯粹欣赏美的学问。

人类对美的理解多种多样，受文化的影响很大。[○] 不同的地方、不同的时代有不同的文化。你可能知道唐朝"以胖为美"，而今天我们可能会觉得运动员的匀称身材更美。印度的传统服饰讲究艳丽的色彩，而北欧则流行简约的风格。每种文化、每个社会、每个人，都对怎么样才美有着各不相同的观点和期待。

因此，《白雪公主》里面告诉人们世界上谁最美的魔镜，现实中是不存在的。

○ 和我们天生的身体特征不同，文化需要通过学习才能获得。从动画片到电视剧，从语文课上的诗歌到数学课上的加减乘除，从我国传统的春节、中秋节到我们升国旗时奏唱的国歌，都是文化。

性别平等与社会变迁

孔雀中是雄性漂亮，可是为什么人类的语言里，"漂亮""美丽"等词汇和女性的关联度似乎更大？

这里面的原因非常复杂，其中一个原因是，我们读过的童话对我们有着潜移默化的影响。《灰姑娘》《美人鱼》《睡美人》等都是古老的故事，里面含有或多或少有关性别的偏见：公主就要漂亮，王子就要勇敢，等等，其实公主也可以勇敢。

不过，近一两百年来，性别平等的思想广泛传播，已经深刻地影响了世界。

今天，至少在我们国家的大多数地方，女孩们可以受到良好的教育，长大后做自己梦想的工作：飞行员、工程师、科学家、公司老板……这些工作，在一百多年前，人们还以为只有男性可以胜任。

在这个时代，不需要白马王子，女孩们也能收获成功和幸福。越来越多的电影里出现了智慧勇敢的超级女英雄，越来越多的人开始讲述女孩的成功故事。艾米·诺特（Emmy Noether）、居里夫人（Marie Sklodowska-Curie）、简·古道尔（Jane Goodall）、屠呦呦并不是倾国倾城的绝世大美人，她们不是也很棒吗？

163

美丽的孔雀开屏背后，是激烈的竞争

"性选择"也是一种自然选择，是生物为了寻找配偶、繁衍后代而产生的竞争。

这种现象不仅在鸟类中十分普遍，在其他生物中也比比皆是。许多昆虫（如蚂蚁）的嗅觉比视觉灵敏得多，因此它们会散发刺激异性嗅觉的"信息素"来吸引配偶。而在植物界，每年春天的百花盛开不是为了让人类欣赏，而是植物们为了繁衍后代的激烈竞争。不过，花朵的颜色和芳香并不直接吸引异性，而是吸引帮助传粉的昆虫。

雄鹿的犄角、蛐蛐的鸣叫、萤火虫的荧光，都是"性选择"的例子。你还能想到其他例子吗？

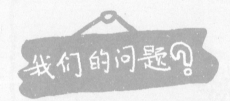
既然母孔雀喜欢长尾巴，公孔雀的尾巴会无限变长吗（长到 10m、100m 这么长）？为什么？

在"性别平等与社会变迁"中，我们提到了一些女性科学家。有没有哪个女性让你觉得很厉害，是你心目中的英雄？讲讲她的故事吧。

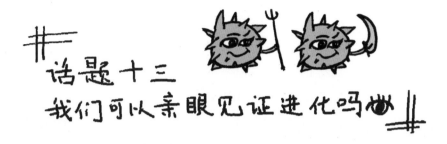

话题十三
我们可以亲眼见证进化吗

地球上的生物，即使是一只蚂蚁、一个细菌，都如此美丽、精致，就像是一个天才的智慧神灵设计出来的一样，而不像是自然而然形成的。既然是这样，我们为什么要相信进化论呢？

你会在生物课上学到很多支持进化论的理由，这些理由当年也艰难地说服了布道少年达尔文。像家谱一样的生物分类图，暗示了所有生物都有血缘关系，都是一家人。各种古生物的化石，也向我们展示了恐龙变成了鸟，长得像熊的某种哺乳动物变成了鲸，灵长类祖先变成了黑猩猩和人……

但是生物书上的这些理由都太需要发挥想象力了。我们毕竟不能亲眼看到鲸的祖先从陆地走向海洋，也不能亲眼看到古老的灵长类动物进化成人！进化往往是个非常慢的过程，巨大的变化要等上几万年甚至几百万年。

不是说眼见为实吗？如果我们可以在有限的时间里亲眼见证生物的进化，那该多好！

这在达尔文的时代是一个难以实现的梦想，但在今天，我们确实可以。

狼是怎么变成狗的

实际上，农民们一直在见证物种的进化。因为农业和我们的生活太贴近了，我们反而想不到农作物就是进化的结果。

我们把野猪驯化成了家猪，把狼训练成了忠实的家犬，把野生的小果子栽培成了硕果累累的番茄植株……今天，这些家养动植物和它们的野生祖先已经是完全不同的物种了。

我们人类创造这些新物种的过程，就是"人工选择"。我们的祖先在每一代小狼里，挑选最可爱的、对人类最忠诚的，把它们养在家里繁育下一代；而那些凶神恶煞、攻击人类的小狼则都被放走或者杀掉。每一代的小狼都比上一代可爱、忠诚。久而久之，我们人类就给自己创造了一个最好的朋友——家犬。

其实，达尔文的《物种起源》的第一章没有先讲大自然中物种的进化，而是讲了人类家养的动植物品种是怎么形成的，甚至还写了他自己养鸽子的故事。

家养动植物的变化就是我们眼皮底下活生生的进化。⊖达尔文想，大自然干的事情肯定和人工选择差不多：只有适应环境的活下来继续繁衍后代，不适应环境的逃走或者死掉。

⊖ 2018 年的诺贝尔化学奖就颁给了费朗西斯·阿诺德（Frances Arnold）、乔冶·史密斯（George Smith）和格里高利·温特（Gregory Winnter），奖励他们对蛋白质的定向演化作出的贡献。定向演化的思路其实和农场里繁育农作物的思路一样，都是让人类想要的品种留下来并自我复制，让人类不想要的走开。但是定向演化技术筛选的不是在农场里的动植物，而是试管里的蛋白质。

家养是人工的进化

另一个人类眼皮底下的进化故事，和环境污染有关。

20 世纪 50 年代，欧洲还没注意到环保的重要性。英国的工厂排出来的黑烟遮天蔽日，导致了严重的大气污染。那时候，伦敦的雾霾在阳光的作用下分解成各种毒气，很容易让人得呼吸道疾病，甚至一命呜呼。

雾霾染坏了人的肺，也染黑了树林。曾经有着白色树皮的白桦都变成了黑色。渐渐地，人们发现，树林里的一种白色蛾子——尺桦蛾，居然也变成了黑色。问题是，这黑色不是雾霾染的，而是蛾子自己的色素导致的：这些蛾子生来就长成了黑色。科学家们发现，这黑色是在被污染的树林里，自然而然进化出来的。树皮还是白色的时候，黑色的尺桦蛾更容易被天敌吃掉，所以活下来的蛾子当然是白色。当树皮都被染成了黑色，白色的蛾子就更容易被吃掉，而黑蛾子因为有了保护色而活下来——环境污染无意间创造了一个新的物种！

1980 年以后，雾都伦敦终于意识到不能再这样破坏环境了，政府开始大规模关停工厂、治理雾霾。白桦的树皮又变白了，白色的尺桦蛾也重新占领了树林，取代了它们的黑色亲戚。

1952 年伦敦烟雾污染事件
来源：Wikipedia Commons

超级细菌是怎样炼成的

　　青霉素可以说是 20 世纪最伟大的发明了。它是一种抗生素，也就是可以杀死细菌但对人体健康没有影响的物质。青霉素一下子把很多细菌感染的绝症变成了吃药就能治好的小病，拯救了成千上万人的生命。可是现在青霉素已经不那么管用了，为什么？

　　原来人们每一次服用青霉素，都是对细菌的一次大屠杀，只有那些不怕青霉素、有"抗药性"的细菌可以幸存下来——这正是"适者生存"的道理。抗药性一般是可以遗传的，幸存细菌的后代也会有抗药性。所以人们服用青霉素，如果没有把细菌完全杀死，就是在帮助细菌筛选不怕青霉素的强者，帮助它们进化出抵抗青霉素的能力。

　　当世界上大多数病菌都不怕青霉素的时候，青霉素就不管用了。人们必须研发新的抗生素。可惜细菌不会停止进化，渐渐地它们拥有了抵抗新的抗生素的能力。现在有科学家已经发现一些刀枪不入、不怕任何抗生素的"超级细菌"，假如它们大规模感染人类，后果将不堪设想。

　　那该怎么办呢？医生应该尽量少开抗生素药物。一般来说，细菌感染导致的疾病，病人自己的免疫系统就能搞定，不到万不得已其实不需要抗生素。而我们万一生病必须吃抗生素，就一定要遵医嘱，吃满整个疗程，确保杀死所有的细菌，不可以觉得没病了就不吃了。否则，那些活下来的细菌，没准以后就会进化成超级细菌！

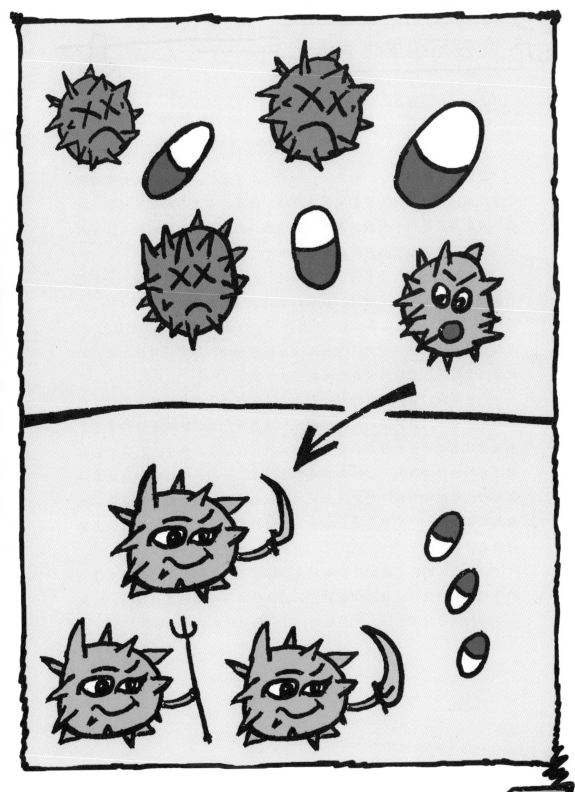

免疫系统里也有进化

我们刚刚提到："一般来说，细菌感染导致的疾病，病人自己的免疫系统就能搞定"——我们虽然会生病，但是世界上有那么多细菌、病毒，我们却只是偶尔生病，与细菌、病毒的数量相比，我们的身体可以称得上是百毒不侵了。为什么会这样呢？

人体用来抵抗入侵者的"免疫系统"是个非常复杂的东西，但是它的工作原理也和进化论有关！我们的免疫细胞可以分泌叫作"抗体"的特殊蛋白质。抗体可以和细菌、病毒牢固地结合，让它们失去继续繁殖、继续入侵人体细胞的能力。每种入侵我们的东西，都有一种与之对应的抗体"天敌"，专门用来负责攻打它。

可是当我们第一次接触到一种病毒，体内还没有对应的抗体时，我们是怎么形成对新病毒的免疫力的呢？这时候免疫细胞就会连蒙带猜，不断尝试新的变异，分泌出各种各样的抗体。这些抗体中，总有一些和新病毒结合得好，另一些和新病毒结合得差。如果一种抗体和新病毒结合得好，产生这种抗体的免疫细胞就繁殖得更快，同时它们会继续尝试新的变异。新一代的抗体中，又会有和新病毒结合得更好的，它们会繁殖得更快……

你看，我们的免疫细胞在新病毒的环境下，也经历了"适者生存"的进化过程。这样，免疫细胞和它们产生的抗体不断地更新换代，攻打新病毒的能力越来越强，最后就形成了专门对付新病毒的抗体。

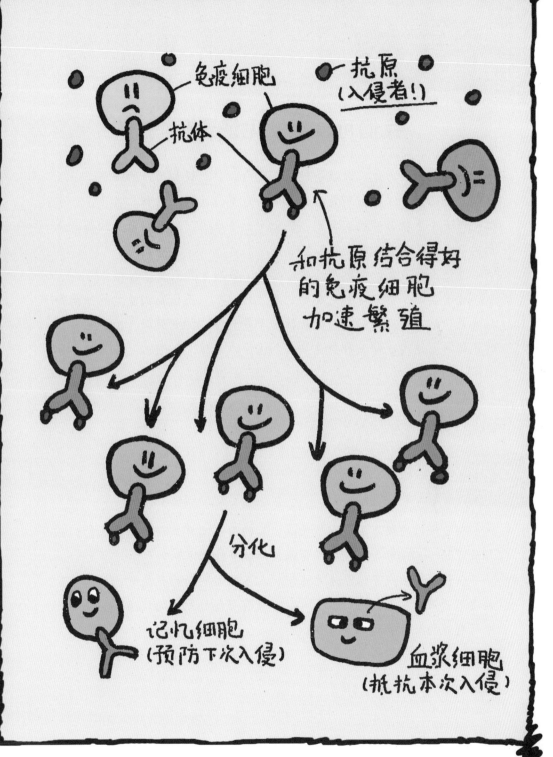

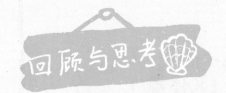

我们可以亲眼见证进化吗

家养动物的形成、白蛾子变黑又变白、"超级细菌"的出现，以及我们自己的免疫系统，都是我们可以亲眼见证的进化过程。甚至，如果你走进一个生物学家的实验室，玩上十天半个月，还可以看见细菌进化出对抗生素的抗药性的全过程！⊖

进化论并不是一个虚无缥缈的理论，而是看得见摸得着的事实。

对于我们人类来说，免疫细胞是"好人"，而让我们生病的细菌和病毒是"坏人"。然而，自然规律是平等的，"物竞天择，适者生存"的进化法则适用于每一种会变异、会遗传的东西，无论它是好是坏。

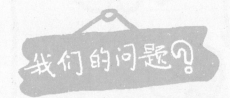

在尺桦蛾的故事里，环境改善以后的白色尺桦蛾是怎么形成的？它和最开始（工业污染之前）的白色尺桦蛾有什么区别吗？

人和病菌的战争似乎永无止境：人不断发明新的抗生素，而细菌和病毒不断产生抗药性。你觉得人类有没有可能终结这场战争，找到一种永远有效的抵抗病菌的方法？

⊖ 但是不要随意触摸生物实验室的东西！

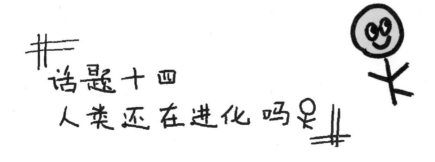

话题十四
人类还在进化吗？

了解了进化论后，你可能会问：人类那么聪明，是不是已经是生物进化最高级的样子，不会再进化了？可是人还不能自己飞起来，也许人还不够完美，还可以继续进化？

可以肯定的是，我们不会一下子进化出翅膀。翅膀这么复杂的东西，需要相当漫长的时间才能形成，而且我们如果想飞起来，已经有飞机和滑翔机帮我们实现了，我们没有在身体上进化出翅膀的动力。

但是，人类也是生物，也有可以遗传的变异，困难的条件下也有生存斗争，所以我们人类确实还在慢慢地进化：有时候，大自然的灾害和疾病确实还在逼迫我们进化；有时候，是我们自己的文化促使自己进化。

"以毒攻毒"的红镰刀

人类学会用火、建立了城墙围起来的村庄以后，老虎、狮子等猛兽就不再是我们的天敌了，但是我们有个永恒的天敌——疾病。在医疗条件尚不完善的地方，疾病仍然在对人类进行残酷的自然选择：只有战胜疾病的人可以活下来。

疟疾是一种让人忽冷忽热、呼吸困难的疾病，是由蚊子传播的寄生虫导致的，如果不及时治疗会很快致命。疟疾寄生虫会藏在我们血液中运输氧气的红细胞里。很久很久以前，在疟疾横行的非洲中部，有的人进化出了一种抵抗疟疾的"奇招"：他们的红细胞里，用来搬运氧气的血红蛋白和一般人的不一样。这种血红蛋白容易聚集成一大块，让寄生虫无法消化，也就无法生长和繁殖。因此，有这种血红蛋白的人不容易得疟疾。

但是，这个"绝招"其实带来了一种新的疾病！因为血红蛋白的聚集，这些人的红细胞不再是通常的大饼形状，而是尖锐的镰刀形。镰刀红细胞运输氧气的能力很差，还会堵塞血管，所以会让人缺氧、疼痛，有时候也会致命！

你看，在这里，抵抗疾病的不是健康，而是另一种疾病——这正是所谓的"以毒攻毒"了！在中非洲，死于疟疾的可能性大于死于镰刀红细胞病的可能性，所以很多人都患有镰刀红细胞病——这些人在疟疾面前是强者。

不过，随着抗疟疾的药物传播得越来越广，随着非洲的卫生条件慢慢改善，我们相信疟疾和镰刀红细胞这两种病都终将成为历史。

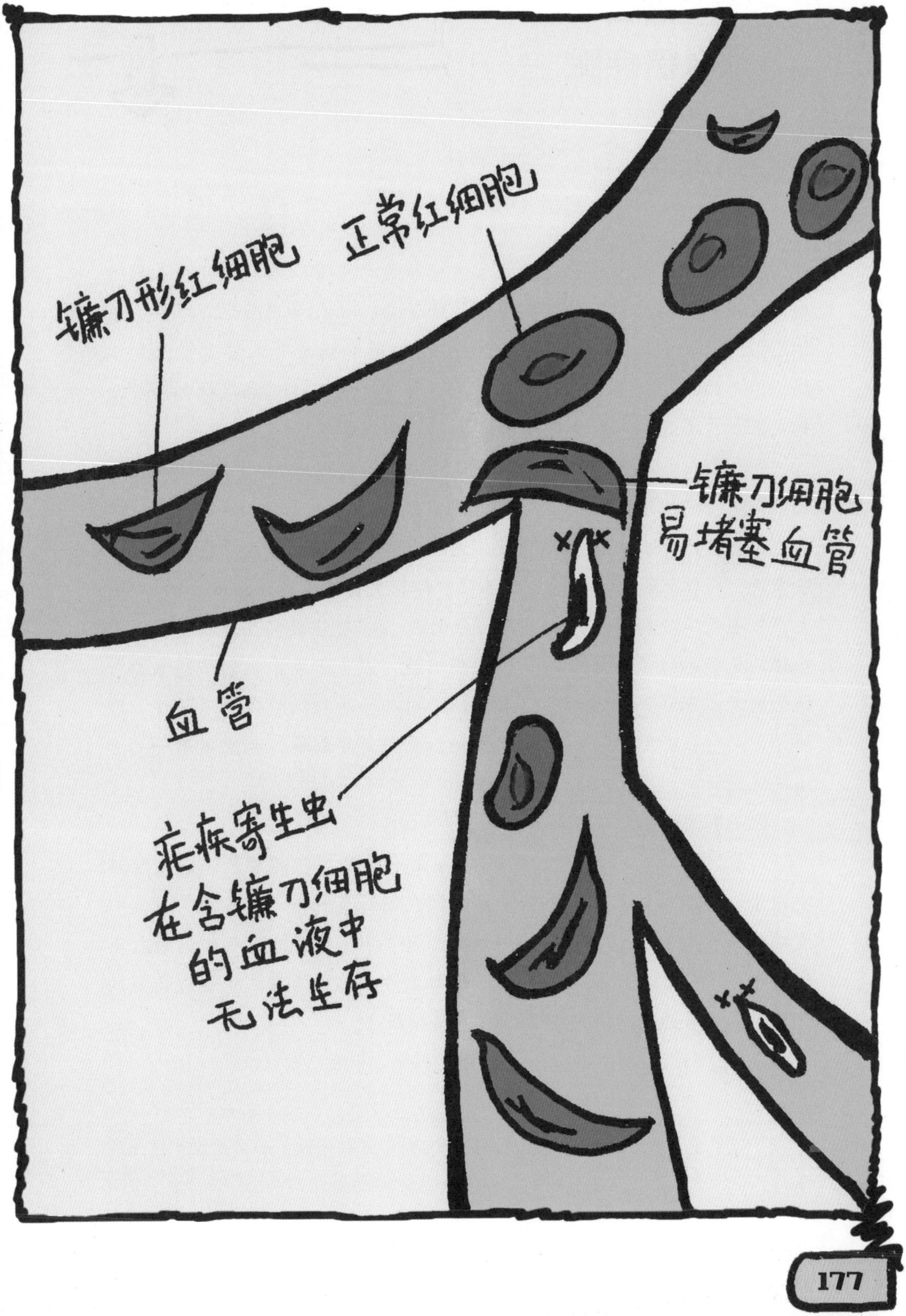

镰刀形红细胞　正常红细胞

镰刀细胞
易堵塞血管

血管

疟疾寄生虫
在含镰刀细胞
的血液中
无法生存

那么癌症呢

癌症是人体自身细胞发生异常突变导致的恶性肿瘤。疯狂生长的肿瘤如果不早得到控制，就会耗尽人体的营养，让人枯竭而死。今天，医学已经可以用药物和疫苗对付大部分由细菌和病毒等入侵者带来的疾病，但是面对"自家叛徒"引起的癌症却如此弱小——癌症被称为"众病之王"，已经成为人类的第二或者第三大杀手。

那么，人类有可能进化出彻底消灭癌症的超能力吗？相当困难。

首先，癌症不像疟疾，小孩和成人都会得病，只有可以抵抗疟疾的人才有机会活到成年、生儿育女。大多数癌症直到老年才发病，所以一般来说，一个人不管抗癌能力强不强，都能生育健康地活到成年的后代，大自然也就不会特意选择抗癌能力强的人。第二，癌症实在是太复杂了！人体的免疫系统虽然可以消灭少量癌细胞，但是免疫系统的"想象力"还远远考虑不到癌细胞的千变万化。不同部位的癌细胞性质不一样，即使是同一部位的肿瘤里，也会有各种各样的变异细胞，无法用单一的方法统统消灭。

但是不用慌，我们还有一种方法！

"基因"是我们的遗传物质DNA上有特定功能的片段，它们和环境因素一起控制着各种生命活动。如果我们知道有个"坏基因"可能引发癌症，我们就可以在细胞中把它"敲除"掉。⊖ 这样，人体以后就不带这个坏基因了。没有了坏基因，再加上健康的生活方式（创造良好的环境），许多癌症也许就会慢慢被人类征服了。

⊖ 科学界当下的共识是：在体细胞上可以做基因修改，而不是在生殖细胞上做修改。

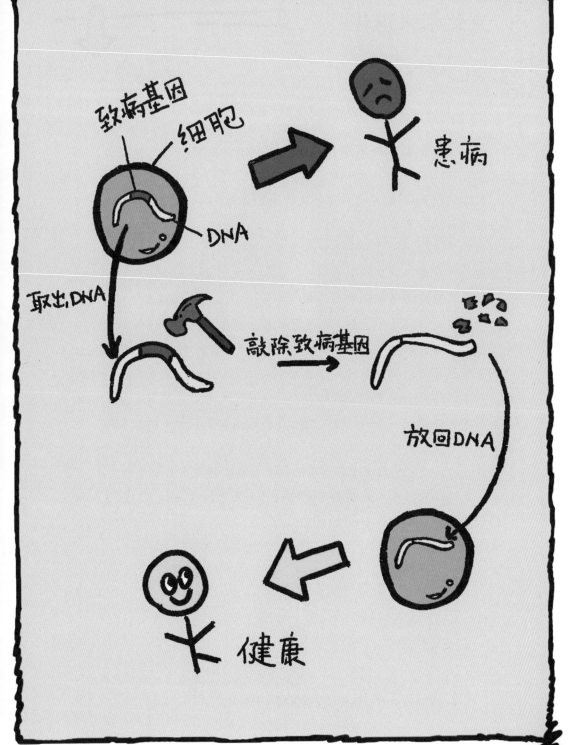

文化带来进化

让人类进化的不一定总是疾病，有时候我们自己的文化也让我们进化。

人类的祖先没有消化牛奶里的乳糖的能力——在 7500 年前，人人喝牛奶都要拉肚子。

后来，一些欧洲草原上的民族学会了养牛。他们一开始只是为了干农活或者吃牛肉。但是如果有一天，他们生活的地方闹了大饥荒，肉不够吃了，只好试着喝它们的奶。那些身体能够消化乳糖的人，可以从牛奶里得到更多的能量和营养，也就更容易活过饥荒。

消化乳糖的能力可以遗传，于是，饥荒幸存者的下一代更爱喝牛奶，也会去饲养那些产奶更多的牛。养奶牛的传统和消化乳糖的能力你促进我，我促进你。一边是农业文化，一边是基因（也就是遗传）决定的体质，两者相辅相成、齐头并进，这就是今天生物学家所说的"基因－文化共演化"。

传统的汉族文明以小麦和水稻为主要食品，并没有养奶牛的文化，⊖ 所以"正统"的汉族人是受不了乳糖的。如果你能喝牛奶不拉肚子，那么你应该有草原上的牧牛祖先……

⊖ 如果你有初中语文课本，可以翻翻里面的古文。你很快就能找到喝酒、吃肉、吃饭的场景，但是就是没有喝牛奶！

从前，人们养牛
是为了吃牛肉……

饥荒来了，
饿死了很多人。

可以消化乳糖
的人，靠喝牛奶
活过了饥荒。

奶牛文化和消化
乳糖的能力互相
促进，共同进化。

越进化越漂亮吗

文化不仅能让人的体质发生进化，还能改变人的"颜值"——这里面的道理和孔雀的漂亮尾巴差不多。⊖

人类是视觉高度发达的物种，所以挑选配偶的时候经常会不由自主地考虑"颜值"：女孩选择自己认为美的男孩，男孩选择自己认为美的女孩。⊜但是到底什么才是美，很大程度上由流行文化说了算。**如果有一个王国，那里的人们都很喜欢一位才华出众、聪明能干的公主，那么公主的样子可能就是大家所公认的美。**那些长得不符合公认美的人，其实大多数也能留下后代，但是有的不幸没有找到配偶，或者搬去了外国，寻找更能欣赏他们的地方。因此，王国里人们的相貌会越来越趋向于公认美的样子，直到流行文化发生了变化。

于是，眼睛的颜色、单眼皮还是双眼皮、发型是直是卷……这些和生存优势没有什么直接关系的东西，成为了每个民族的鲜明标记。

不过，在21世纪的今天，世界上各种文化加快交流和融合，每个人都对美有自己的理解。而且我们越来越明白，美不局限于外表，更取决于品格和才干。只靠"颜值"选择配偶、只用长相评价美的时代，恐怕要结束了。

⊖ 学名叫"性选择"。
⊜ 这里我们只考虑可以产生后代的配偶选择（即"异性恋"）。

上页文字的最好实例是春秋时的齐国公主庄姜。《诗经·卫风》中这样描写她：

手如柔荑
肤如凝脂
领如蝤蛴
齿如瓠犀
螓首蛾眉
巧笑倩兮
美目盼兮

庄姜不仅是我国第一位女诗人，在《诗经·卫风》后描述美女的作品几乎都逃不脱庄姜的影子。

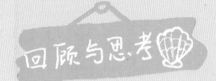

人类还在进化吗

我们的农业驯化了很多动植物，把它们培育成了我们希望的样子。但是，与此同时，我们同样也在"驯化"自己：我们自己的生活方式和生存环境，不停地改变着我们的身体特征和遗传物质。适应环境是所有生物永恒的难题，人类也不例外——人类不会停止进化。

但是，对于人类来说，适应环境最好的方法不是缓慢的进化，而是日新月异的科技。

我们的问题

为什么癌症在老年的发病率远远高于在童年和青年的发病率？

现在的医学有很多方法对付和人体细胞很不一样的细菌、病毒，但是对付癌症——人体自身细胞的异常变化，却没有特别有效的办法，而且对癌症的治疗会对病人造成巨大的痛苦（比如用于治疗癌症的射线本身也很可能导致癌症）。你觉得为什么会这样呢？

在人的胚胎时期敲除可能导致癌症的"坏基因"，这就是"基因疗法"。它为我们征服癌症带来了希望，但是也遭到了很多人的反对。你觉得基因疗法会遇到什么困难或者问题？为什么那么多人反对它？

结语
认识自然，保护自然

这是这本书的最后一个话题，但是相信你的好奇心远没有完结。

我们已经讨论了很多生物，也谈论了人类新的生命科技，但是关于我们人类自己是怎样的一种生物，我们讲得并不多。你一定有无数的问题：人是猴子变的吗？人类为什么那么聪明？人聪明在什么地方？我们为什么要保护自然？

这个话题将回答这些问题，并带给你关于人与自然的更多思考。你会发现，作为人类，我们应该感到骄傲，因为我们是一个拥有智慧的成功的物种。我们也应该保持谦虚，因为我们的智慧有限。关于自然，我们还有太多的不知道。

人是猴子变的吗

你可能听人说过"人是由猴子进化而来的"，你可能还会有这样的疑惑：既然猴子变成了人，为什么现在还有猴子？

其实"人是由猴子变的"是对进化论的错误理解。人和猴子都是现代的物种，它们是由一种既不是猴子，也不是人的物种进化而来的，它是灵长类动物共同的祖先，所以它的后代不仅有人和猴子，还有黑猩猩、大猩猩、红毛猩猩、狒狒等。

之所以同一个物种能进化出这么多种不同的新物种，是因为灵长类动物生活的环境多种多样，激发了不同的进化策略，有的爬树技能变得越来越高超，有的变得身体越来越强壮，还有的选择了下树打猎、学会了用火、打造工具、它们大脑越来越发达，并最终进化成了人类。

实际上，所有的现代物种之间都有着或近或远的亲缘关系。你肯定还记得那个（或那群）最初的细胞"卢卡"，所有有细胞结构的生物都是卢卡的后代。今天，很多生物还保留着卢卡那样的单细胞结构，比如草履虫、变形虫，还有各种细菌。

但我们不能鄙夷地把它们称为"低等生物"。它们只是和人类选择了不一样的进化道路和生存策略，人的策略是变得越来越聪明、发展科技来适应环境，而细菌的策略是简化结构、快速繁殖。任何能存活到现在的物种，都是非常成功的物种。

人为什么那么聪明

人和其他动物相比，有着无比发达的大脑。这么厉害的大脑是怎么进化出来的？为什么别的动物没有我们这么聪明呢？

从前一些学者认为，是劳动创造了人。原始人靠打猎和采集果子为生，有更发达的大脑的人，可以制造出更好的工具，也更善于与别人沟通和合作，这样，他们就能打到更多的猎物，采到更多的果子，更容易活下来。我们就是这些勤劳智慧的原始人的后代。

不过，有人提出了质疑，发达的大脑虽然有好处，但是也要付出很大的代价：长出一个聪明的大脑，需要巨大的能量！如果打到的猎物不足以抵消发达的大脑需要的额外能量，变得更聪明就反而是劣势了。

> 计算机和手机里的"中央处理器"（CPU）是处理信息的地方，相当于它们的大脑。手机如果总是发热，就是 CPU 造成的。为什么 CPU 会发热呢？

因此，英国作家郎汉（Richard Wrangham）在《着火啦》一书中提出，学会用火烧饭才是人类变聪明的关键。烧熟的食物其实已经消化了一半，它比生的食物更容易咀嚼吞咽，营养更容易吸收，有害的细菌也更少。所以原始人通过烧饭，节省下了大量本来要用于消化的能量。这些省下来的能量，让高度复杂、高度耗能的大脑成为了可能。当然，这"烧饭古猿理论"并不绝对正确，它是一个还需要更多证据证实的假说。

人聪明在哪儿

人类肯定是地球上最聪明的物种（虽然一些具体的小技能还没有黏菌厉害）。不过你可能会问，既然很多其他动物也有智力、也会使用工具，人的智力和其他动物最重要的区别是什么？人有哪些独门绝技吗？

其实，正在读这本书的你，已经拥有了人类的一样独门绝技——语言和文字。

语言和文字可以让知识和本领代代相传，甚至隔代相传。有的鸟也会教自己的孩子唱歌，特别的曲调可以从上一代传到下一代。但是人类更厉害，几百年前的古人，尽管早已不在人世，也能把他们所探索到的知识通过口头流传的故事和印在纸上的书籍传递给我们。

你可能觉得上学很辛苦，但是和前人探索知识的辛苦相比，读书实在是太轻松了！我们今天不需要花一辈子观察星星，查找相关资料就可以了解天体运行的万有引力定律；我们不需要跑遍世界各地收集生物标本和化石，只要去学校上课就能学到进化论的知识；我们不需要重新尝遍百草寻找治病的药物，只要去医院找医生……

牛顿、达尔文、巴斯德等先辈，已经为我们开辟好了道路，而我们的任务是站在他们的肩膀上，开辟新的道路。

人还聪明在哪儿

"青天共有九重，是谁曾去量度环绕？如此规模雄伟的工程，是谁开始把它建造？"（圜则九重，孰营度之？惟兹何功，孰初作之？）

公元前两百多年前的战国时期，诗人屈原向大自然提出了一百多个问题，写出了千古绝唱《天问》。

《天问》展现了人类的另一个独门绝技——想象力。当我们观察世界的时候，我们不仅能思考实际看到的东西，还会想象那些看不见、摸不着的东西。

人类的想象力创造了所有的传说。风雨大作、电闪雷鸣——是不是雷神发怒了？我们身边有人和兔子——月亮上是不是也有嫦娥和玉兔？

人类的想象力也创造了所有的科学。大海里朝我们航行的船只，总是先看见桅杆再看见船身——我们是不是生活在一个大球上？两块分开的磁铁"啪"地吸在了一起——它们之间是不是通过什么物质在交流？

其他生物没有如此丰富的想象力。猴子可能会跟它的同伴们示意："走啊，我们去找桃子吧！"而人类想象出来的孙悟空会说："走啊，我们去西天取经吧！"

我们为什么要保护自然

有一篇文章叫《斑羚飞渡》。它讲了这样一个故事：猎人把一群斑羚逼上悬崖，斑羚们分成青年、老年两队，老年羊牺牲自己，让青年羊把自己当作跳板，越过悬崖逃生。

这个故事其实是篇"动物小说"，是作者编出来的故事。但是人类为了经济利益捕杀野生生物、剥夺它们的栖息地却是真的。因为人类的活动，物种正在以前所未有的速度灭绝。有空的话，你可以去看看纪录片《可可西里》和《海豚湾》，○ 它们讲了人类捕杀藏羚羊和海豚的故事，比《斑羚飞渡》更真实也更悲惨。

人为什么要保护自然？为什么不能任由野生生物灭绝？毕竟宇宙这么大，地球看起来渺小得像一颗尘埃，地球上的环境如何，对宇宙来说似乎是微不足道的一件事。

但是保护自然对我们自己来说无比重要。正如你在学校不能没有朋友，人类不可能完全孤独地存活在这个宇宙。而地球是如此特殊——地球上的几百万种生物，看上去虽然多，却是我们在已知的宇宙里仅有的生命伙伴。失去了任何一种生物、任何一块栖息地，我们也就失去了守护我们地球家园的一名卫士，也失去了宇宙中一个独一无二的故事。

○ 这些影片中有血腥场面，你可以在成人的指导下观看。

认识自我，保护自然

你手中的这本生命科学的书——麻瓜世界的魔法书——居然快要完结了！

但是大自然本身会把这本书永远续写下去，每一个生命，包括你，都是它的作者。大自然不仅把故事写在纸上、计算机里，还写在海洋里、森林中、田野上、天空下。甚至，如果我们想用拟人的手法，我们可以说大自然用猎豹展现自己的速度，用蝙蝠展现自己的听觉，用各种鲜花展现自己的绚丽，用人类展现自己的情感和智慧……

别忘了，这一切起源于远古海洋里那个"卢卡"——那个可以复制自己的 RNA，那个像水晶球一样的油脂泡泡，那个巫师般的蛋白质。

我们也都是生命之书的阅读者。尽管人类和大自然相处了 20 多万年，现代的生命科学也有超过 500 年的历史，但生命的世界依然在不断地让我们赞叹、惊讶。如果你手中的这本书激发了你的一点点好奇心和热情，愿你带着它们，走向真正的大自然，阅读真正的生命之书。

查一查屈原的《天问》，看看屈原都问了些什么。其中，哪些问题你已经可以回答了？有哪些问题你还看不懂？你对大自然和我们人类自己，还想问哪些新的问题？

人是地球上最聪明的动物，但是为什么好像也是最残忍的动物？（比如人类群体会大规模地自相残杀，发生数百万人伤亡的战争，这在其他动物中非常少见。）

你喜欢这本书吗？你觉得它哪里可以写得更好？你想不想看到这本书的续集？或者你还希望作者写点别的？

后记

以前我看《哈利·波特》这部电影的时候，那个魔法世界里有两个小细节让我感觉非常神奇。一个是他们那里的报纸上的图片都是会动的，图里的人都会说话；一个是他们那里的地图可以告诉你周围所有巫师现在的位置。

但是今天，如果你是这本书的一位青少年读者，肯定会觉得这两个现象一点也不奇怪，甚至觉得太无聊了。手机和计算机上随便打开一篇文章，里面的 gif 动画和视频展现的内容，绝对比《哈利·波特》的魔法世界丰富百倍。打开微信的"共享实时位置"，你就得到了前面说的那种神奇地图，而且这地图的尺寸可以放大缩小，比那魔法地图功能更强大。

从我看《哈利·波特》到现在，其实才过了不到十年。

由此我想到，魔法其实就存在于我们生活的世界，这就是本书书名的灵感来源。

生命现象可以说是宇宙里最接近魔法的东西了。正如陈剑平院士所说，生命科学虽然是我们"麻瓜世界"的东西，但是和魔法一样奇妙。而王立铭教授提到，除了生命，我们人类的科学，我们日新月异的技术，是另一种魔法，正是科技创造了会动的电子"报纸"、实时显示位置的地图……

有时候，由于生命现象司空见惯，或者由于我们自己的忙碌，我们忘记了其实我们就生活在一个魔法世界。本书是呈现我们"麻瓜的魔法"的一个粗浅的尝试。

本书的创作和出版离不开许许多多人的支持和帮助，我在此向他们表示衷心的感谢。

首先要感谢责任编辑李叶女士。从前期的定位和主题选取，到写作过程中的图文风格的推敲，再到后期的加工排版，我们对每一个能想到的细节都进行了详细的探讨。这使得本书能够相当顺利地完成和出版。感谢机械工业出版社基础教育分社社长马小涵女士。本书最初的构想的萌发，正是来自马小涵女士与我在公众号上关于科普和写作的交流，与她的对话中我意识到了青年学者科普的重要性。

植物病毒学家、中国工程院院士陈剑平对我探究生命科学的过程有不可估量的帮助。他曾鼓励我在专业化学和数学之外，多接触生命科学的话题。他是我自己进入"生命的魔法世界"的领路人。

浙江大学生命科学研究院教授王立铭在百忙之中为本书认真审稿，提出了非常有价值的见解。王教授本人也是非常优秀的科普作家，启发了我的科普写作并给予了我许多方法的指导和灵感。

两位专家都为本书撰写了精彩的序言，我的第一本作品能得到他们的欣赏和鼓励，让我无比感动。

我的好友陈子齐、丁竹天、葛栩嫣、马铮、缪健翔、沈弘毅、吴景行、Paul Amory，他们阅读了书稿并提出了许多宝贵的意见和建议，使一些疏漏得以及时更正。

感谢我的父母。他们是每一章节的第一读者，在本书写作的过程中我们有着非常愉快的交流。无论在不在身边，他们都给我无价的、永远的支持和陪伴。

本书注定不够完美，错误和疏忽仍然存在。而生命科学又是一门蓬勃发展的学科，理论和技术的更新迭代日新月异。本书若能抛砖引玉，鼓励读者继续探索，向大自然和生命科学大师学习，则已是一大幸事！若读者发现书中有错误或值得商榷之处，欢迎来信批评指正，我的微信公众号为 PhenoClass。

王海纳

2018 年 11 月于普林斯顿大学

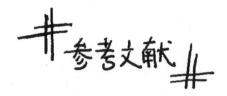

[1] SCHRÖDINGER E. What is Life? With Mind and Matter and Autobiographical Sketches[M]. Cambridge: Cambridge University Press, 1945.

[2] DAWKINS R. The Selfish Gene [M]. 4th ed. Oxford: Oxford University Press, 2016.

[3] MCGRATH A E.Dawkins' God: Genes, Memes, and the Meaning of Life [J]. Blackwell, 2013:208.

[4] HUNTER M, DAVIS E B. The works of Robert Boyle [J]. Annals of Science, 2002:321.

[5] WARD P D, BROWNLEE D, KRAUSS L. Rare Earth: Why Complex Life Is Uncommon in the Universe [J]. Physics Today, 2000,53 (9): 62-63.

[6] JACOB D T. There Is No Silicon-Based Life in the Solar System [J]. Silicon, 2016,8:175-176.

[7] ANDRULIS E D. Theory of the Origin, Evolution, and Nature of Life [J]. Life, 2011,2 (4): 1-105.

[8] PICKOVER C A. The Math Book [M]. New York: Sterling Publishing Co., 2009.

[9] WEISS M C, SOUSA F L, MRNJAVAC N et al. The physiology and habitat of the last universal common ancestor [J]. Nature Microbiology, 2016,1 (9): 116.

[10] KOONIN E V., MARTIN W. On the origin of genomes and cells within inorganic compartments [J]. Trends in Genetics, 2005,21: 647-654.

[11] ROBERTSON M P, JOYCE G F. The origins of the RNA World [J]. Cold Spring Harbor Perspectives in Biology, 2012,4:1.

[12] TOOZE S A, YOSHIMORI T. The origin of the autophagosomal membrane [J]. Nature Cell Biology, 2010,12:831-835.

[13] CATLING D C. The Great Oxidation Event Transition [G] // Treatise on Geochemistry. 2nd ed. Amsterdam: Elsevier Inc, 2013:197-195.

[14] LYONS T W, REINHARD C T, PLANAVSKY N J. The rise of oxygen in Earth's early ocean and atmosphere [J]. Nature, 2014,506:307-315.

[15] DISMUKES G C, KLIMOV V V, BARANOV S V et al. The origin of atmospheric oxygen on Earth: The innovation of oxygenic photosynthesis [J]. Proceedings of the National Academy of Sciences, 2001,98 (5): 2170-2175.

[16] GAINO E, SARA M. Siliceous spicules of Tethya seychellensis (Porifera) support the growth of a green alga - A possible light conducting system [J]. Marine Ecology Progress Series, 1994,108 (1-2): 147-152.

[17] MÜLLER W E G, WENDT K, GEPPERT C et al. Novel photoreception system in sponges? Unique transmission properties of the stalk spicules from the hexactinellid Hyalonema sieboldi [J]. Biosensors and Bioelectronics, 2006,21 (7): 1149-1155.

[18] BRÜMMER F, PFANNKUCHEN M, BALTZ A et al. Light inside sponges [J]. Journal of Experimental Marine Biology and Ecology, 2008,367 (2): 61-64.

[19] LEHMANN-ZIEBARTH N, HEIDEMAN P P, SHAPIRO R A et al. Evolution of periodicity in periodical cicadas [J]. Ecology, 2005,86 (12): 3200-3211.

[20] MUTCH R W. Wildland Fires and Ecosystems--A Hypothesis [J]. Ecology, 1970,86 (12): 3200-3211.

[21] HOOD S, SALA A, HEYERDAHL E K et al. Low-severity fire increases tree defense against bark beetle attacks [J]. Ecology, 2015,96 (7): 1846-1855.

[22] SCHWILK D W. Flammability Is a Niche Construction Trait: Canopy Architecture Affects Fire Intensity [J]. The American Naturalist, 2003,162 (6): 725-733.

[23] SCHWILK D W, ACKERLY D D. Flammability and serotiny as strategies: Correlated evolution in pines [J]. Oikos, 2001,94 (2): 326-336.

[24] TERO A, TAKAGI S, SAIGUSA T et al. Rules for biologically inspired adaptive network design [J]. Science, 2010,327 (5964): 439-442.

[25] ADAMATZKY A, ALLARD O, JONES J et al. Evaluation of French motorway network in relation to slime mould transport networks [J]. Environment and Planning B: Urban Analytics and City Science, 2017,44 (2): 364-383.

[26] FREMIER A K, YANITES B J, YAGER E M. Sex that moves mountains: The influence of spawning fish on river profiles over geologic timescales [J]. Geomorphology, 2017,305:163-172.

[27] BOWLER P J, QUEEN T. Evolution : History [J]. Life Sciences, 2002:1-5.

[28] VAN WYHE J. Charles Darwin 1809-2009 [J]. International Journal of Biochemistry and Cell Biology, 2009:251-253.

[29] VAN WYHE J. The descent of words: Evolutionary thinking 1780-1880 [J]. Endeavour, 2005:94-100.

[30] STEWART-WILLIAMS S, THOMAS A G. The Ape That Thought It Was a Peacock: Does Evolutionary Psychology Exaggerate Human Sex Differences? [J]. Psychological Inquiry, 2013,24 (3): 137-168.

[31] SKJÆRVØ G R, RØSKAFT E. Wealth and the opportunity for sexual selection in men and women [J]. Behavioral Ecology, 2015,26 (2): 444-451.

[32] CLARKE C A, MANI G S, WYNNE G. Evolution in reverse: clean air and the peppered moth [J]. Biological Journal of the Linnean Society, 1985,26 (2): 189-199.

[33] MAJERUS M E N, BRUNTON C F A, STALKER J. A bird's eye view of the peppered moth[J]. Journal of Evolutionary Biology, 2000,13 (2): 155-159.

[34] LUZZATTO L. Sickle cell anaemia and malaria [J]. Mediterranean Journal of Hematology and Infectious Diseases, 2012,4.

[35] BEJA-PEREIRA A, LUIKART G, ENGLAND P R et al. Gene-culture coevolution between cattle milk protein genes and human lactase genes [J]. Nature Genetics, 2003,35 (4): 311-313.

[36] SILANIKOVE N, LEITNER G, MERIN U. The interrelationships between lactose intolerance and the modern dairy industry: Global perspectives in evolutional and historical backgrounds [J]. Nutrients, 2015,7:7312–7331.

[37] PUTS D A. Beauty and the beast: Mechanisms of sexual selection in humans[J]. Evolution and Human Behavior, 2010,31:157–175.

[38] PUTS D A, JONES B C, DEBRUINE L M. Sexual selection on human faces and voices[J]. Journal of Sex Research, 2012,49:227–243.